江戸の崖　東京の崖

デジタル鳥瞰

芳賀ひらく

講談社

フクシマの地霊に

To The Genius Loci of *Fukushima*, A Happy Island

崖を見に

「……見えぬけれどもあるんだよ、見えぬものでもあるんだよ」（金子みすゞ「星とたんぽぽ」）。街中《まちなか》の崖は、この詩のリフレインめいて、普通は見えない、気づかない。けれども高層ビルの背後に、あるいは路地の奥に、ビルとビルの隙間に、それはある。

　街中をさがし歩いて、崖を「現認」した時、アマチュア探偵が犯人を割り出したような興奮を覚えます。なぜならば、そこには「隠れん坊崖」よりも「変装崖」のほうがよほど多いからです。

　一見、コンクリート五階建てのようなすまし顔をしているけれど、あるいは四六段の石段に化けているけれど、もしくは二つ折れのだらだら坂に変態しているけれど、おまえはもともと崖だろう、と言いたくなる。

　通常、崖は「そこ」にあるだけではなく、一定の「延長」をもって存在している。一箇所に崖があれば、ビルやビル群の間を点綴《てんてつ》して、複数の崖が必ず存在する。というかそれはもともとひとつながりの崖だった。だから、崖の発見とは、いきおい都市の皮膜下《ひまくした》にかくされていた「地形」と出逢うことになるのです。

　一九九八年から翌年にかけて、日本列島の一部に「崖っぷちブーム」が存在し、毎日新聞社から『日本崖っぷち大賞』（安斎肇、泉麻人、山田五郎、みうらじゅん共著）なる書籍まで出版、ＴＢＳや名古屋テレビでも「崖っぷち」をタイトルに冠した深夜番組もオンエアーされました。ブーム仕掛人は漫画家みうらじゅん氏であった由。いつのまにか、そしてやむなく「崖人間」を自認するようになった筆者としては、あらためて感慨深いものがある。

世界的にみて、小規模だけれどいたるところに崖があるこの地にあって、当然ながら崖好き、崖マニア、崖フェチの潜在パワーは、実は「鉄道」をはるかに凌《しの》ぐものがあるはず、とひそかに思っていたのです。

W・サロイヤン『わが名はアラム』ではないけれど、「わが姓は崖」。なぜならば、人名としては、垪和、芳我、八賀、葉賀、羽下、羽賀、波賀、芳賀、いずれも読みはひとつ。日本列島上、山形県から山口県まで分布する地名用語でもある「haga」（鼻濁音注意）は、「hake」や「gake」「bakke」同類、崖地をあらわしたもの、というのが定説。

現実世界でも崖っぷち人間である筆者としては、崖は「わがことなれり」ではなく「わがことなり」。

さらに、わがことながら、崖から落ちる瞬間の夢を見る。その時、実際、足腰にガクンと抜ける感覚が走る。これはデジャヴか、予知夢なのか。

「涯」という文字は、通常「生涯」「天涯」のいずれかにしか使わない。その読みは「ガイ」という音しかないけれど、意味は「みぎわ」そして「はて」。人生の終点はみずぎわの崖で、そこはいかなる人といえども、おそかれはやかれかならずたどりつく。だから崖は、汝《な》がことでもある。

崖を見に。お誘いします。

◉デジタル鳥瞰　江戸の崖　東京の崖・もくじ

カバー装幀／アルビレオ
本文図版／さくら工芸社
CG制作／DAN杉本
本文デザイン・DTP／長橋誓子

第1章

江戸の崖　東京の崖

江戸には、岩の崖は存在しなかった。「世界都市」東京も、そのほとんどは厚く、軟弱な砂と泥の上に成り立っている。人工の表皮の下、急斜面と崩壊地形はいたるところに存在する。

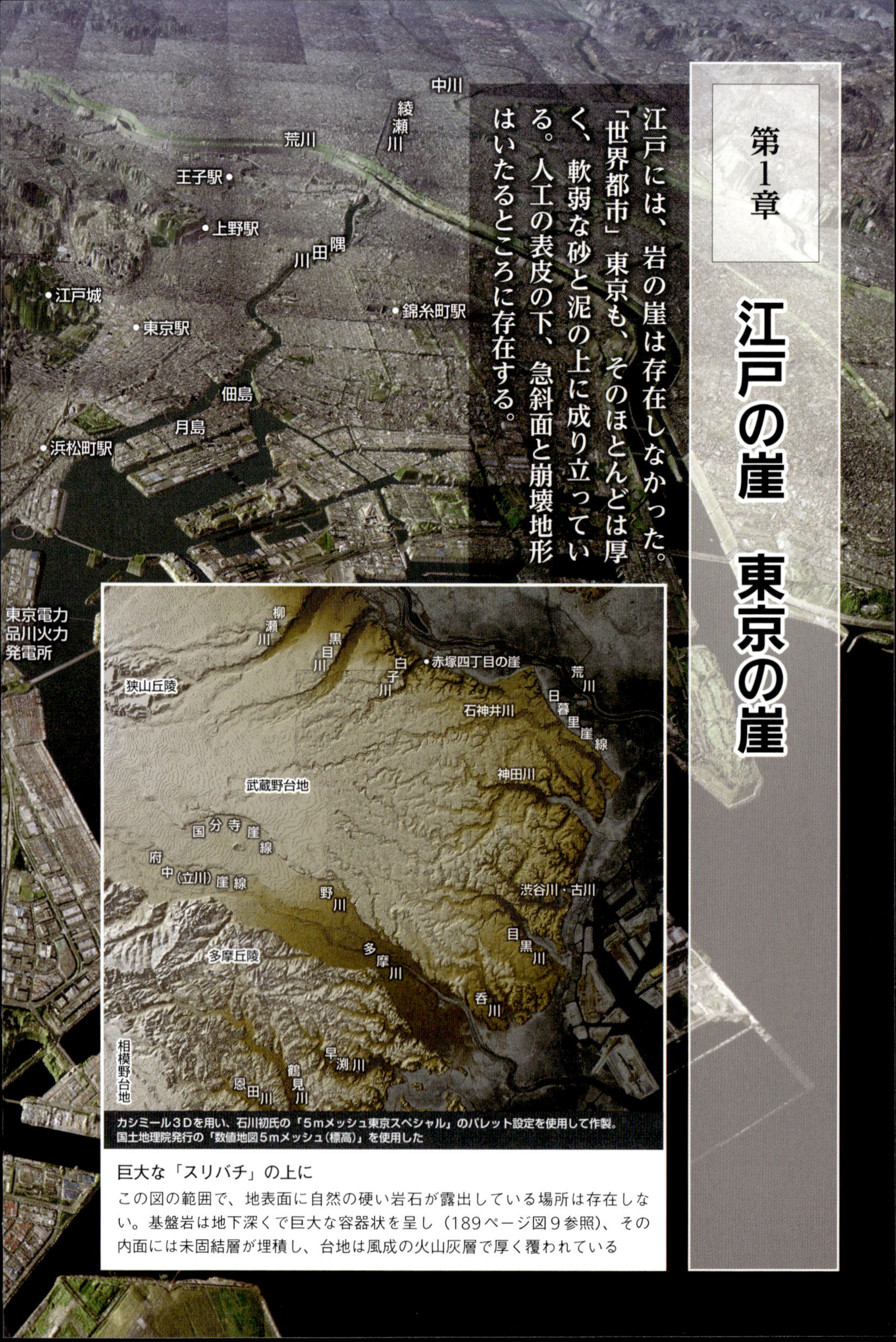

カシミール3Dを用い、石川初氏の「5mメッシュ東京スペシャル」のパレット設定を使用して作製。国土地理院発行の「数値地図5mメッシュ（標高）」を使用した

巨大な「スリバチ」の上に

この図の範囲で、地表面に自然の硬い岩石が露出している場所は存在しない。基盤岩は地下深くで巨大な容器状を呈し（189ページ図9参照）、その内面には未固結層が埋積し、台地は風成の火山灰層で厚く覆われている

東京最北端、23区内最大の崖（板橋区赤塚４丁目）

板橋区赤塚４丁目のコンクリート擁壁。荒川（古くは利根川）が武蔵野台地を削り出してできた長大な崖の一部。傾斜角約45度、比高約20m以上。地元で「百段階段」と言われる階段が付いているが、実際は119段ある。崖づたいには狸が出没し、崖上からは広大な荒川低地が見下ろせる。この崖は東へ断続的に続き、徳丸７丁目で一区切りとなるが、その一部は自然の崖を生かした「都立赤塚公園」となっている。23区内最大の崖

スカイビュースケープから配信されたデータを用いて、カシミール３Dで作製。

標高は10倍強調している。航空写真はアジア航測と中日本航空株式会社の共同版権データである

崖の所在

江戸の街の範囲は、現在の山手線のほぼ内側とその東、深川や向島など、隅田川以東を加えたエリアですが、そのほとんどは江戸時代以降の埋立地ですから、自然地形としての崖が存在する余地はありません。

東京を二三の特別区に限定すると、そのうち中央、墨田、江東、足立、葛飾、江戸川の六区には崖はない。残り一七区の崖ないし擁壁、つまり急傾斜地が何ヵ所あるかというと、これが二万二六一二件というのですね。

この数字は昭和四四（一九六九）年の東京都首都整備局建築指導課の調査によるものですが（中野尊正ほか「東京山手台地におけるがけ・擁壁崩壊危険度の実態調査」『土と基礎』一九七二年二月号）、そこでは、河川敷地内の護岸、鉄道や公園用地内、道路敷地などの崖・擁壁、つまり一般住宅に直接関係のないものは除外されているのです。したがって私たちが日頃、京浜東北線や山手線、中央線などの駅ホームや走行する車窓に目にする、ほぼ直立したコンクリート壁などは含まれていないわけですから、実際に東京にある崖の数は二万三〇〇〇件を優に超えるはずです。ただし、四〇年以上前の数字ですから、都市整備も道路が中心で、住宅地の急斜面対策などはまだ十分ではなく、露出した崖は今日より余程多かったと思われます。

この調査での「がけ」（「崖」が常用漢字表に追加されたのは二〇一〇年）とは、人工的な被覆《ひふく》で保護されていない急斜面を言ったわけですが、今日、東京二三区内でそのようなむき出しの崖を目にするのは、特別な場所以外では難しいでしょう。

地形上の崖

- 成因
  - 自然崖
    - 侵食崖
      - 海食崖　＊海成段丘崖（海岸段丘崖）
      - 河食崖（河川侵食崖）　＊河成段丘崖（河岸段丘崖）　＊段丘開析谷の谷壁
      - 氷食崖（氷河侵食崖）
      - 崩落崖
    - 変動崖
      - 断層崖
      - 火山崖
        - 火口崖
        - 溶岩崖（粘性の高い溶岩が固まった外端）
  - 人工崖
    - 施工崖
      - 切崖
        - 切通崖　＊斜面に直角に
        - 拡幅崖
          - 斜面に沿って…元来は谷道・トラバース道
          - 斜面の一部を…建物やグラウンドの敷地拡幅
      - 盛崖
        - 盛土崖　＊盛土を擁壁で押さえている崖は、潜在的にもっとも崩壊の危険度が高い
        - 廃棄物・ゴミ処理場の崖
    - 廃墟崖──巨大遺跡

- 外観
  - 土石露出崖
  - 植生崖
  - 擁壁崖

- 位相
  - 地上崖
  - 地底崖　＊埋没段丘崖
  - 海底崖

- 物質
  - 地質崖
    - 岩石崖
    - 土質崖　＊砂礫崖を含む
  - 水質崖
    - 氷崖
    - 雪崖

崖の変容　緩斜面　坂　階段　構造物（擁壁・ビル／エスカレータ・エレベータなど）

地形以外の崖

時間の崖　気圧の崖　明暗・色彩の崖
温度の崖　音の崖　味覚の崖　密度の崖
匂いの崖　人口の崖　愛憎の崖　倫理の崖　宇宙の崖

＊「地形以外の崖」はすべて臨界点（critical point）あるいは崖縁（クリフ・エッジ、cliff edge）の比喩である。

図1　崖の分類

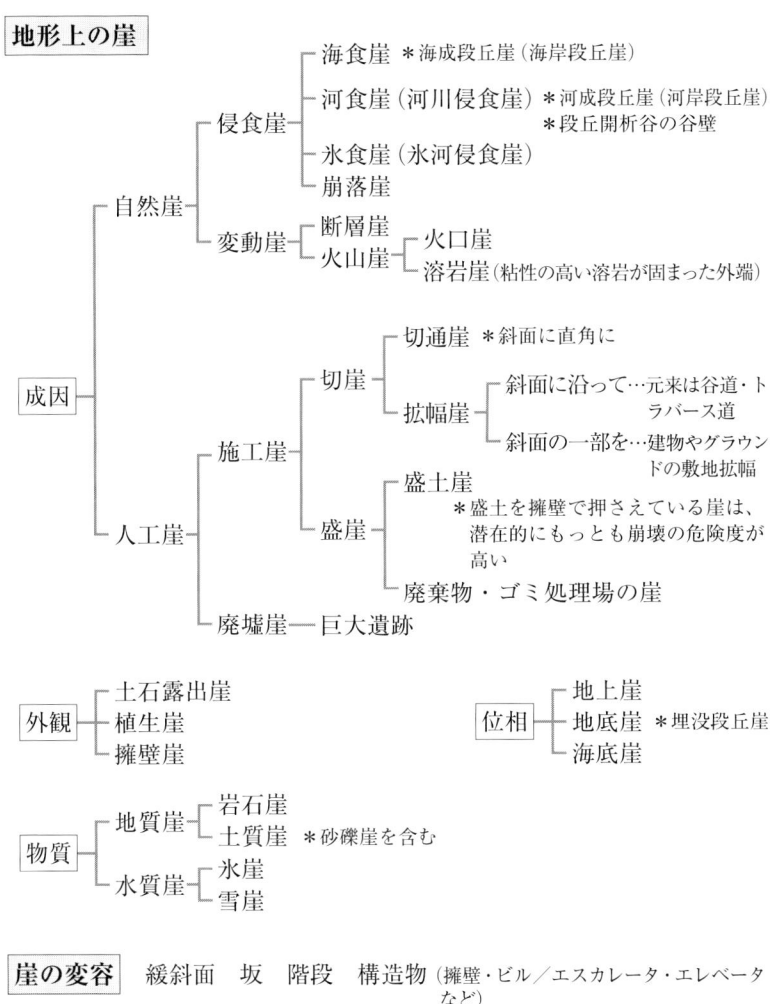

この時の調査対象は、「高さ三メートル以上、傾斜三〇度以上のがけ・擁壁のすべて」とされました。本書では最近の画像や地図に依拠したサーチよりも、現地調査にもとづき、かつ構造物に覆われることの比較的少なかったこの時期の調査を基本的に踏まえることにします。

「高さ三メートル以上、傾斜三〇度以上」とはいわば「崖の定義」ですが、これはあくまでも災害に対処するための目安として設定されたものです。しかし高低差三メートル未満であっても古くかつ危険度の高い石垣などは裏路地などあちこちに見掛けます。ですから以下では、筆者が気づいたかぎりでそのようなものも取り上げていくつもりです。

江戸・東京の特異な崖

地質学においては、自然崖は「垂直または急斜した岩石の面」とされ、その成因にはおもに「変動崖」と「侵食崖」の二種類があるとされます（地学団体研究会新版地学事典編集員会編『新版地学事典』一九九六年。本書9ページの「崖の分類」を参照）。

変動崖とは、断層のような地表の運動の結果出現した急斜面のことで、「変動」の基本は地殻変動ですから、大規模な隆起《りゅうき》や陥没《かんぼつ》、そして火山の噴火、溶岩流や火山灰の降下など、ドラスティックな地形変容を含みます。

これに対して、一見変化の激しさをイメージし難い「侵食」ですが、地形を「しんしょく」するのは、川や海の水の作用だけでなく、寒暖の差や陽光の作用も含まれます。後者は、短時間では目につかなくとも、地学的時間スケールのなかでは巨大な要因となるでしょう。

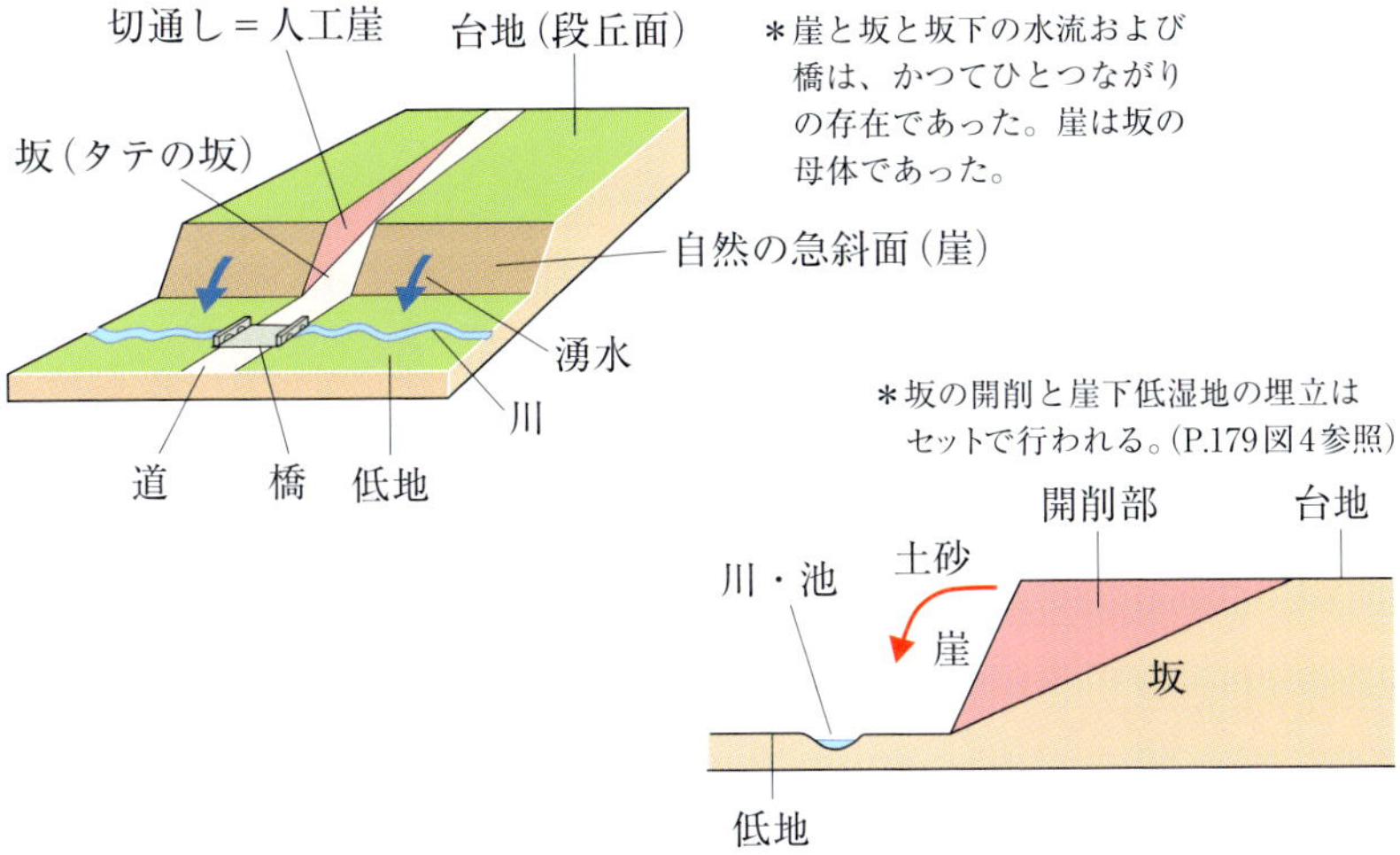

図2　江戸・東京の「崖と坂」の模式図
坂は道の一部である。自然の営為がつくりだした崖に対し、人の手が加わることで切通しの人工崖（左上図）や坂（右下図）が出現する。坂ができると、その範囲で崖は消失する

また、最近では重力による岩盤のたわみや亀裂に雨水が加わって大規模な土砂災害を引き起こすこと（深層崩壊）がわかってきています。ともかくも「しんしょく」するのは、私たちが身近にイメージできる、流下する川水や打ち寄せる海波の作用ばかりではないので、「浸」（ひたす）ではなく「侵」の字を使い、「侵食」と表記するのが通例です。

東京二三区では、地表に変動崖の例をみることはありません。江戸・東京の自然な崖はすべて侵食崖にほかならない。これが江戸の崖、東京の崖を考察する第一のポイント。

その第二は、岩場や岩石の崖が存在しないということ。関東平野は台地と沖積地にわかれるけれども、いずれにおいても地表下三〇〇メートル前後までは地質年代の若い、水成の、あるいは台地を覆う関東ローム層のような風成の堆積層で、いわゆる

写真1　田端の切通し

比高約10mの切通しは、大正末年から昭和初年にかけて開削された。不忍通りと尾久の低地を、田端大橋を介して結ぶ。関東大震災復興期は東京市内の地形改変期でもあった。台地端を切り通した道の両端は崖となるが、それは自然崖に対して一般に90度の方向差をもつ、新たに出現した人工崖である。正面の超高層ビル、田端アスカタワーは1993年に竣工

未固結層《みこけつそう》が主体（189ページ、図９参照）。以上の二点が、関東平野中央部に位置する江戸そして東京の崖の地形的地質的な特性でした。

だから前述の『地学事典』の見解では、江戸・東京に崖は存在しないことになる。「グローバル」な常識から見ても、そこは特異な場所なのです。

さらに崖の成因においては、山や丘を切り開いてつくられた「切通し《きりどおし》」などの人工崖がかなりの割合を占める。もともとは自然の営みがつくりだした急斜面であっても、道路や線路の開削《かいさく》ないしは拡幅《かくふく》のため切土《きりど》（一般には平坦な地表にすることだが、ここでは台地を線状に掘り取ること）され、あるいは盛土《もりど》された結果新たに出現した急斜面は、いたるところにその例を挙げることができるでしょう。

二一世紀初頭、そこここに超高層ビルの林立する世界都市東京の中心部は、往時とはすっかり趣を異にし、普通は気づかないけれども地形すら改変されてしまったところは少なくありません。しかしそのような人工都市のなかにも、何万年という時間を単位とするダイナミックな「造化のはたらき」をさぐる手掛かりを見つけ、あるいは推定することは不可能ではないのです。

いずれにしても、今日の市街地のなかで、崖は隠喩《いんゆ》に満ちた存在であって、高層、中・低層建築物の背後に、あるいは私たちの足下に、それはひっそりと息づいている。

万の単位で存在する都内の崖をすべてチェックしようとするのは無謀というものでしょう。けれども一定の場所に見当をつけて、現代都市のただ中に見え隠れする崖を訪ねてみましょう。圧倒的存在としてそびえ立つ巨大な擁壁も、あらためて「崖」という視点から見直してみると、新しい発見があるはずです。

濁音と破裂音で成り立つ「ガケ」gakeという単語は一種のアラーム・サインでもありました。空間としての崖は、かつて境界というよりも、人の力を超えたものが支配する異界で、人は通常自らを含めて投棄《とうき》し、あるいは崩落に殉《じゅん》じる覚悟なしには、その場に近付くことはありませんでした。「倶利伽羅《くりから》峠《とうげ》の義仲《よしなか》」や「鵯越《ひよどりごえ》の義経」は古代特異の戦術者が、その異能ゆえに追い詰められ亡ぼされたともいえるでしょう。

江戸、東京の崖は、生成と崩壊の要因がほぼイコールで、海や河川の侵食、つまり自然の営力なのですが、見過ごせないのは人間の営為。とりわけ近代以降のシビルエンジニアリング（土木技術）は、「異界」から魔力を剝《は》ぎ取り、封じることに膨大な営力を注いできたともいえるでしょう。何千年〜何万年といったタイムスケールの自然の営みに対して、人工崖は数年単位あるいは数日単位で生成・変化することがあり得る。

人工崖の崩壊は、海でも河川でもない、みえない自然の営力によるのです。そうして時が経てば、いかなる崖も風化と侵食が進行し、また重力や水圧により、内部に亀裂やたわみを生起する。

石垣はゆるみ、鉄筋や鉄骨は腐食が進む。人工崖のタイムスケールは、人間のそれに似るでしょう。コンクリートの細かいクラックも拡大を止めることはできません。そして「その時」は、街なかの崖の存在以上に隠され、予測不可能なのでした。

私たちがそこに垣間見ようとしているのは、人間をも含めた自然の営為なのですが、同時にその営為自体、きわめて今日的でリアルなイッシューを伴っているのです。

コラム① 東京の崖考察の基本資料

東京の崖考察の基礎となるべきもののひとつに、「東京の土砂災害対策事業」（平成二一年四月、東京都建設局河川部）という資料がある。

そのなかの「東京の土砂災害危険箇所の分布」という概念図を見ると、「急傾斜地崩壊危険箇所」のおおまかな所在と東京の地形との関係がよくわかる。上の図はそのうち東京二三区の部分（ピンク色で表示）をとりだしたものだが、凡例に「土石流（青丸）、急傾斜（赤丸）、地すべり（黄丸）」とあるうち、二三区域では「急傾斜」すなわち「崖」の赤い丸だけが印されている。

武蔵野台地の地形を念頭に、赤丸の分布を見てみると、北区赤羽辺から大田区の大森付近までつづき、山手と下町の境界となっているほぼ南北の海食崖《かいしょくがい》の連なりと、板橋区から北区の一部にまで伸びる荒川の河岸段丘、および世田谷区と大田区を走る多摩川の河岸段丘の、計三本の基本的な崖線《がいせん》（cliff line）をよみとることができる。

図３　土砂災害危険箇所の分布

「東京の土砂災害対策事業」（平成21年、東京都建設局河川部）をもとに作製

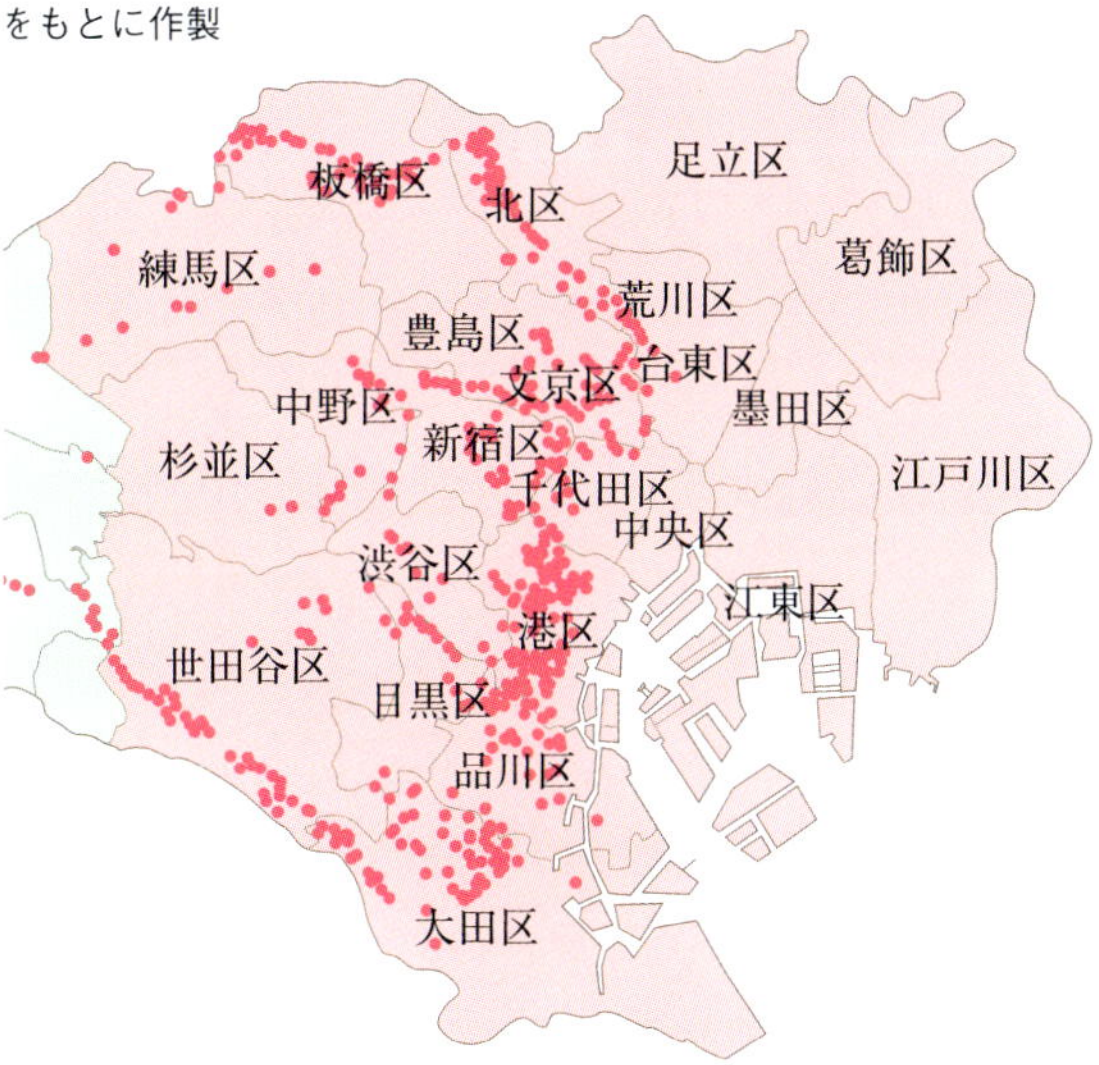

コラム② 崩壊地形用語と「崖線」

楠原佑介《くすはらゆうすけ》他編著『古代地名語源辞典』（昭和五六年）の「序にかえて」には、次のような編著者の文章があって、注目される。

「原稿執筆中から気づいていた顕著な事実は、崖および崩壊地形を意味すると思われる地名の絶対数の多さと、その用語の豊富なことであった。（中略）古代の国郡郷名にこれほど多数存在するとは正直いって予想外のことであった。……」

この後、崩壊地名の多い原因、つまり日本列島の自然与件への考察から、崩壊地形の概要、そして用語の転化について触れて、まことに示唆《しさ》に富む内容となっている。崖地名の数と種類が多いということは、実在の崖地点は桁はずれに多いことを意味する。

一方「漢字」においても、区画整理で地名改変が話題となった埼玉県八潮市の大字名《おおあざ》「垳《がけ》」のような崩壊地形を表わす「国字」が「発達」していて、ほかに「坿《がけ》」「圸《まま》」「⿰土会《くれ》」「垪《は》」「墹《まま》」「儘《まま》」などの例が挙げられる。

以下、「崖および崩壊地形用語」のうち、江戸・東京とその周辺に関わるものをいくつか挙げてみる。

地名研究者の間では、「麻」の字がよく用いられる「アズ」「アゾ」「アザ」が「崩壊地名」のひとつとして知られている（「麻布」については第3章参照）。板橋区の「小豆沢《あずさわ》」もその一例。

港区の麻布に隣接する飯倉《いいぐら》も同様で、「磐座《いわくら》」という言葉もあるように、「倉《くら》」は岩場や断崖、谷を表す地形用語（松永美吉「民俗地名語彙事典」上『日本民俗文化資料集成』13、一九九四年）。「大倉」や「石倉」「岩倉」は倉庫ではなく崖の謂《い》いで、「倉沢」といえば岩場の沢登りするようなところを指すという。

第4章に登場する「八景《はっけい》」も、「ハケ」hakeや「バッケ」bakkeと同根の「ハッケ」hakkeをオリジンとしたもので、これらは皆現在「ガケ」gakeと呼ばれる

「地形」を指した用語。

「ママ」という発語も、別系統の「崖」を指示する言葉で、群馬県みどり市大間々町や千葉県市川市真間の地名が著明。千葉県や伊豆大島ほか関東各地では、崩壊地形ないし地形崩壊を示す言葉として「ビャク」（漢字表記はない）がある。都内では世田谷区の「ノゲ」（野毛）が急斜面を指す用語として知られる。

「ヤ」「ヤツ」「ヤト」の音は、南関東では台地を開析した比較的小さな谷を指す。東京では例えば町田辺りに谷戸地形が目立つ。扇《おうぎ》ケ谷《やつ》、紅谷《べにがやつ》、瓜《うり》ケ谷《やつ》など、「谷」と書いてヤツと読ませるのは鎌倉でよく見かける例。「殿《との》ケ谷《や》戸《と》」（162ページ参照）は、東京では国分寺市のほか瑞穂《みずほ》町《まち》にも立川市にもあり、元来は小さな谷あいを利用して開かれた水田で、その一帯の領主的立場にあった者の直轄田を指したものと思われる。

「世界都市東京」の地名といえども、原初のいくつかは、今日でいえば「山岳用語」の類であったとみてよいだろう。

ところで、「崖線《がいせん》」という言葉を辞書で探しても、またパソコン入力変換するにしても、出てくるのは「街宣」や「凱旋」、でなければ「外線」しかない。地形用語辞典にすら項目不在のこの言葉は、「国分寺崖線」や「府中崖線」（いずれも一九五二年、福田理と羽鳥謙三によって命名された。207ページ、参照文献2『「崖線」考』参照）のように、学術用語の一部として用いられるだけ。

言葉は規範にしたがうが、同時に規範自体も永久不変ではないから、「崖線」が市民権を得る日が来ないとはかぎらない。崖に対する意識が高まり、崖がそもそも地形として線状に存在するということが常識になれば、「崖線」も普通名詞として独立し得ると思われる。本書では、以下これを普通名詞として使うことにする。

第2章

「最も偉大」な崖
―日暮里周辺―

ＪＲ京浜東北線の線路際に連なる日暮里の崖を、永井荷風《ながいかふう》は「崖の中で最も偉大なものであろう」と称《たた》えた。しかし崖は昔からそこに存在していたわけではなかった……。

車窓に親しい崖は、鉄道線路の拡幅で、30ｍほど後退した。けれども、崖そのものは、縄文時代の一時期、海の波に削られて形成されたものだった

カシミール３Ｄを用い、石川初氏の「５ｍメッシュ東京スペシャル」のパレット設定を使用して作製。
国土地理院発行の「数値地図５ｍメッシュ（標高）」を使用した

下町と山手を二分する崖線

本郷台は武蔵野台地の最東端で、縄文時代の一時期に海（奥東京湾）であった荒川低地を見下す。荒川低地と台地の境界は長大な海食崖で、台地面を侵食する谷により所々分断されているが、23区では大森付近までつづく崖線

カシミール3Dを用いて作製。標高は10倍強調している。この背景データ地図等データは、国土地理院の電子国土Webシステムから配信されたものである

東京を代表する崖には、北は赤羽から南は上野にかけておおよそ一〇キロメートルにわたって連なる日暮里の崖線《がいせん》を、まず挙げることができるでしょう。ほぼ垂直、比高約二〇メートルほどのコンクリートで固められた絶壁を俯瞰《ふかん》的に見ると迫力がある（22～23ページ写真）。崖線と平行に走っている京浜東北線や高崎線、東北本線の車窓に親しいもので、思い当たる方も多いでしょう。

この崖線は、コンクリート壁のない時代から、東京そして多分江戸第一の崖であることは衆目の一致するところで、永井荷風は『日和下駄《ひよりげた》』（大正四年刊）のなかで、次のように称えています。

「上野から道灌山《どうかんやま》飛鳥山にかけての高地の側面は、崖の中《うち》で最も偉大なものであろう」（第九　崖）。

残念ながら荷風は、偉大な崖が何故「偉大」であるかを語ることはなかったのですが、この「最も偉大」との評価は、正鵠《せいこく》を得たものでした。江戸・東京の山の手には、万をこえる急傾斜地＝崖がみえかくれしているけれど、地形上もっとも典型的と認められる崖線の一端を、ＪＲ日暮里駅のすぐそばで容易に目にし得るからです。

「遠い崖」

実は、永井荷風よりも六〇年以上前に、江戸の崖線のたたずまいを脳裏に刻んだ人物がいたのです。それは文久二（一八六二）年九月八日、初めて横浜に来航し、後に英国駐日特命全権公使となったアーネスト・サトウ。

萩原延寿《はぎわらのぶとし》という在野の歴史家が遺《のこ》した仕事に、『遠い崖　アーネスト・サトウ日記抄』（文庫本で全一四冊、二〇〇八年完結）がありますが、このタイトルには、ヨーロッパから海路はるばるたどり着いた極東の島国の、連続する霞んだような青い海岸線を初めて望見したサトウの実感がこめられています。それもただの海浜ではない。容易に異人の上陸を許さない構えの、急斜面の連なり。

　Ｅ・サトウについては、『一外交官の見た明治維新』（坂田精一訳、岩波文庫、上下巻、一九六〇年刊）がよく知られていますが、サトウのいう「遠い崖」が具体的に何処《どこ》を指していったものか、両書いずれも確たるところを示しているわけではありません。サトウの日記はロンドンに残されているというけれど、それをくまなく読んだはずの萩原氏の注意を惹《ひ》かなかったものか、日記自体にその位置を推測させる記述すらなかったのか、わからないのです。

　ところで、東京帝国大学の初代地質学教授でナウマン象にその名を残すＨ・Ｅ・ナウマンの後任教授となったＤ・Ａ・ブラウンスは、その論文「東京近傍地質篇」（一八八一年）で「そもそも外客の始めて横浜あるいは東京に着するにあたり、まず眼に上るものは、いわゆる沿岸の峭壁《しょうへき》にして、その海浜よりの距離はつねに一定せずといえども、たいてい彎曲線をなして互いに連続するを見る」と記しているといいます。『東京の自然史』の著者、貝塚爽平《かいづかそうへい》はこの記述に注目し、ブラウンスのいう峭壁とは「東京あるいは横浜の山の手台地が、下町低地に接する崖である」と推測しています。

　いずれにしても、幕末当時、江戸から横浜まで、途切れながらもつづく台地の東端は、海上から見た目にはきわめて印象的な光景をかたちづくっていたでしょう。それは、地形学上は「海食崖《かいしょくがい》」と言われる急斜面の連なり。蒸気船で江戸湾に初めて臨んだサトウが、ブラウンスと同様目にした崖線は、時間的にも結構「遠い」出自をもっていたのです。

スカイビュースケープから配信されたデータを用いて、カシミール３Ｄで作製。標高は10倍強調している。航空写真はアジア航測と中日本航空株式会社の共同版権データである

崖はつづくよ、鉄道も ——王子ほか——

初期の鉄道は勾配《こうばい》を特に嫌った。だからそのルートは地形に沿い、場合によっては土を盛り、あるいは開削したが、線路は概ね崖下を通る。崖は、車窓に親しいものとなった。

海食崖と崖線

22〜23ページ写真の「横の崖」は、19ページ写真の「竪《たて》の崖」のつづきで、さらに上野駅まで南下する一本の崖線のつらなりでした。ご覧のようにその崖下には、明治一六（一八八三）年から今日に至るまで、間断なく鉄道車両が行き来してきましたから、荷風ならずとも、人の目にもっとも親しい東京の崖と言って過言ではないのです。

この崖線と、E・サトウが江戸湾に入って望見したと思われる横浜山手の「遠い崖」とは、ともに海波に削られてできた海食崖でした。

海に直《じか》に接する台地の端は、崖裾《がけすそ》に寄せる海波の侵食を受けて崩落し、切り立った急崖《きゅうがい》がかたちづくられます。これが海食崖ですが、写真を見ても崖下に海はない。けれども最近流行のフレーズで言えば「縄文時代は海だった」。「縄文海進《じょうもんかいしん》」という現象によるのですが、東京の低地に海が侵入していたのは、海進ピーク時前後の一時期で、八〇〇〇年以上つづいた縄文時代を通して、低地が海だったわけではないのです（133ページ、図6参照）。

いずれにしても、日暮里を通るほとんど垂直の崖線は海の波によってつくりだされました。しかし、横浜を含め東京湾全体が埋め立てによって「世界でも例をみないほどの急速な」（貝塚『東京の自然史』）変容を遂げ、さらに湾岸の海沿いにタワー型マンションや超高層オフィスビルが林立する現在、「海の力」をそこにみとめるのは難しい。ましてほとんどがコンクリートで被覆されているから、このような「デフォルメ」鳥瞰画像にしてようやく私たちは、「崖」がスポットとしてではなく、延長をもった崖線として存在していることに気付くのです。

撮影ポイント

ＪＲは日暮里駅、舎人《とねり》ライナー開通ですっかり面目を新たにした北改札口を出れば、目前は崖上の寺町から、かつては田圃の広がっていた崖下低地に架かる跨線橋《こせんきょう》「下御隠殿橋《しもごいんでんばし》」（26ページ、図２参照）。それは十四本という類例少ない並行線路を下に通した長大な鉄の橋（全長約一〇〇メートル）でした。その橋から見下ろす景は、一種壮観なものがあります。

時折並行あるいは別方向に、複数の列車が走りゆく様を一望できるこの地は、昨今では鉄道マニアの撮影ポイントのひとつ。けれども崖が背景以上に意識されて写真に収められるケースは稀《まれ》でしょう。

立壁直下、崖の走行線にぴたりと沿って、上野と熊谷を結ぶ日本鉄道が開通したのは明治一六年七月、新橋―横浜間の官営鉄道に遅れること一一年でした。当初上野の次は王子停車場で、その間停車場はないかわり、車窓の片側に連続する関東ローム層むきだしの古く垂直な土の壁があったのです。この長い崖は、その後鉄道線増設のため側面を削りとられましたが、新旧地形図で比較するかぎりその距離は三〇メートルを超えることはなかったようです。

削ったといっても崖がなくなったわけではなく、三〇メートルほど後退した。それが今日我々が目にすることができる「日暮里崖線」なのです。

「日暮里崖線」は上野の山につらなります。もっとも上野の山（上野の崖）には、西郷銅像の下（27ページの写真１）に「上野松竹デパート」が横穴式に潜り込んでいます。西郷銅像下にはほかに映画館が三つもあった。なつかしき昭和のレストラン「聚楽台《じゅらくだい》」も実は崖下ではなく、崖中営業店。そうであ

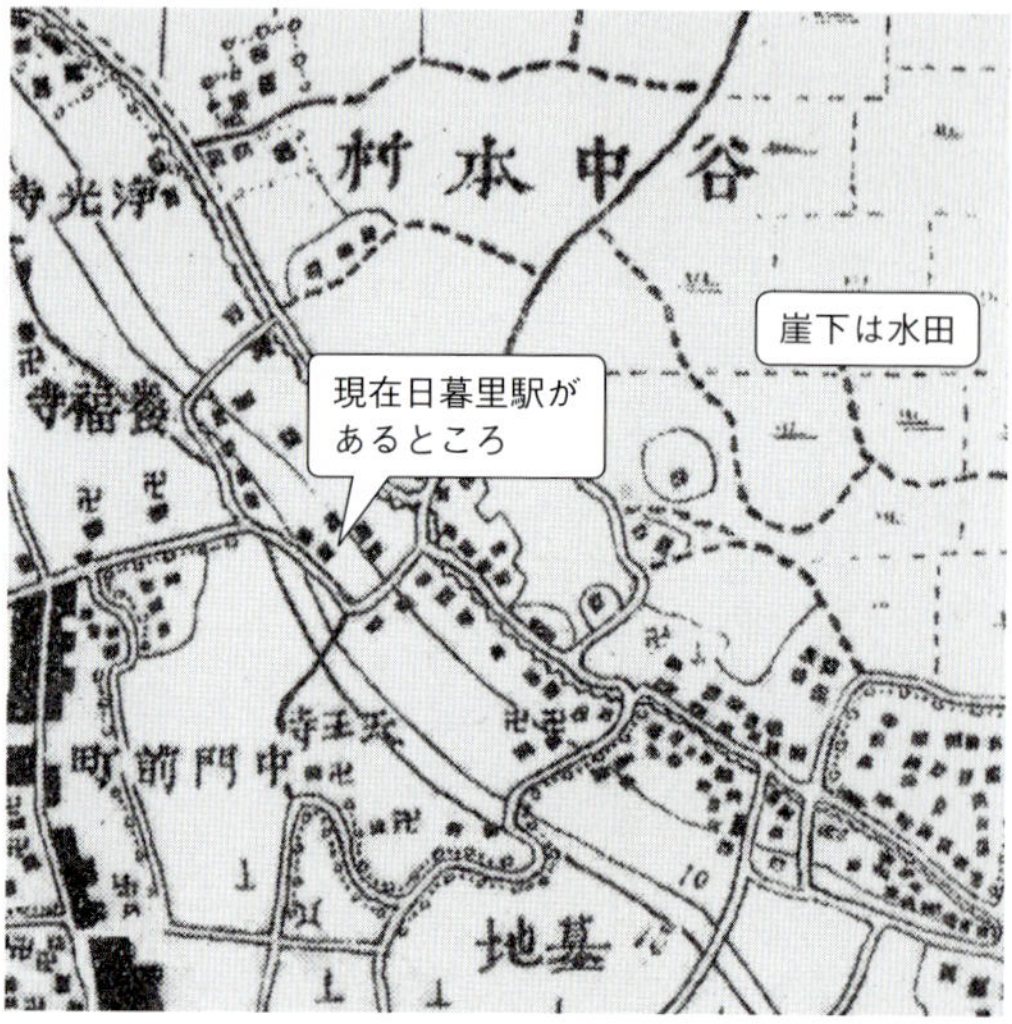

図1　130年前の日暮里駅付近の地図
明治13(1880)年測量の迅速測図「下谷」の一部。現在の日暮里駅は図の中央左寄り。崖下の低地には水田がひろがる

図2　明治期の御殿坂がわかる地図
等高線とケバ式の「斜面記号」の下を通る鉄道線。図中央、日暮里駅南の崖斜面をトラバースしながら東南に下るのが、旧「御殿坂」。右下の「芋坂」は彰義隊の敗戦退路として知られる。明治42年測図1：10000地形図「上野」(陸地測量部)の一部

るとは、普通は意識しないでしょうが、この一帯は、地形的には垂直に近い斜面をくりぬいてつくられた、駅前崖下ならぬ崖中複合レジャー施設でした(写真2)。盆栽に懸崖《けんがい》、建築用語に崖造りという言葉があるように、崖を利用した施設は結構あるもので、往時東京山手のあちこちにせっせと掘られた横穴防空壕《ぼうくうごう》は言わずもがな、現在稼働しているものでは、京成上野駅などは崖の側面から鉛直方向に掘り進んだ地下駅として有名です。

移動する崖

話を日暮里の崖に戻しましょう。縄文海進時の海

面上昇高はそのピーク時でも三メートル前後ですが、崖下の低地は標高二メートルほどですから、前述のように約七〇〇〇年前、崖裾には稲波《いななみ》のかわりに、「奥東京湾」（37ページ、図5の(4)参照）の波濤《はとう》が打ち付けていたわけです。

　関東ローム層以下未固結の堆積層は抉《えぐ》れてオーバーハング（懸崖＝でこっ八）状態となり、豪雨や地震を引鉄《ひきがね》として大規模な土塊崩落が発生します。その結果もとの垂直な崖に戻っても、下から波の侵食作用がとどまるわけではない。まさしく「海食崖」なのです。さらに、上からは雨が浸みこむし冬期には霜柱も立つ。陽の光や温度も風化を加速し、地震も地質時間的な周期でやってきます。

　鉄道増設で崖は人工的に約三〇メートル後退させ

写真１　上野の西郷隆盛銅像
崖上に上半身を覗かせる西郷像。銅像下は、再開発中で崖の「抉《えぐ》り取り」がすすんでいる

写真２　上野の崖中施設
横穴式に潜り込んだ「上野松竹デパート」の諸店舗

られたわけですが、私たちが目にしているのは、そのはるか以前にじりじりと後退して来た崖でした。「偉大な崖」は「移動する崖」でもありました。

銚子ドーバーライン

縄文時代、海に直接面していた海食崖の「臨場感」を味わいたい向きは、東京駅からJR特急「しおさい」で向かうか、千葉から総武本線を使うかして、銚子まで行くのをお奨めします。「銚子ドーバーライン」とは観光名称で、一般には銚子の屛《びょう》風《ぶ》ヶ《が》浦《うら》として知られているところ（写真3）。

英仏海峡両側にまたがる「白い壁」（チョーク。「白亜紀」の語源）に匹敵《ひってき》するといわれる屛風ヶ浦は、九十九里浜北の突出部、利根川河口の南側で、崖高四〇～六〇メートル、延長一〇キロメートルにおよぶ（31ページ、写真4）。

グランドキャニオンのスケール（比高一二〇〇メートル）や、「白い壁」の地質年代（一億年前）には到底およばない（一〇〇万年ほど前）ものの、東京駅から約二時間半で到達する断崖絶壁。映画などのロケもよく行われる、日本列島崖代表選手のひとつですが、こちらはヨーロッパの白ならぬ生《き》なりのベージュというか、とくに上部は赤っぽい（写真5）。

屛風ヶ浦の上層、台地上の土は日暮里の崖と同様関東ローム層で、土地の言葉では「赤ハゲ」と呼ばれた由。もちろん海食崖であることは両崖同じですが、ただしこちらの侵食作用は最近まで現役稼働していました。ここ四〇～五〇年で陸地が五〇メートル後退したと、観光案内にあります。

今日では、屛風ヶ浦の崖裾に消波ブロック（テトラポット）が列をなし、さらにその内側にコンクリート製の歩道が設置され、崖は海岸線として固定

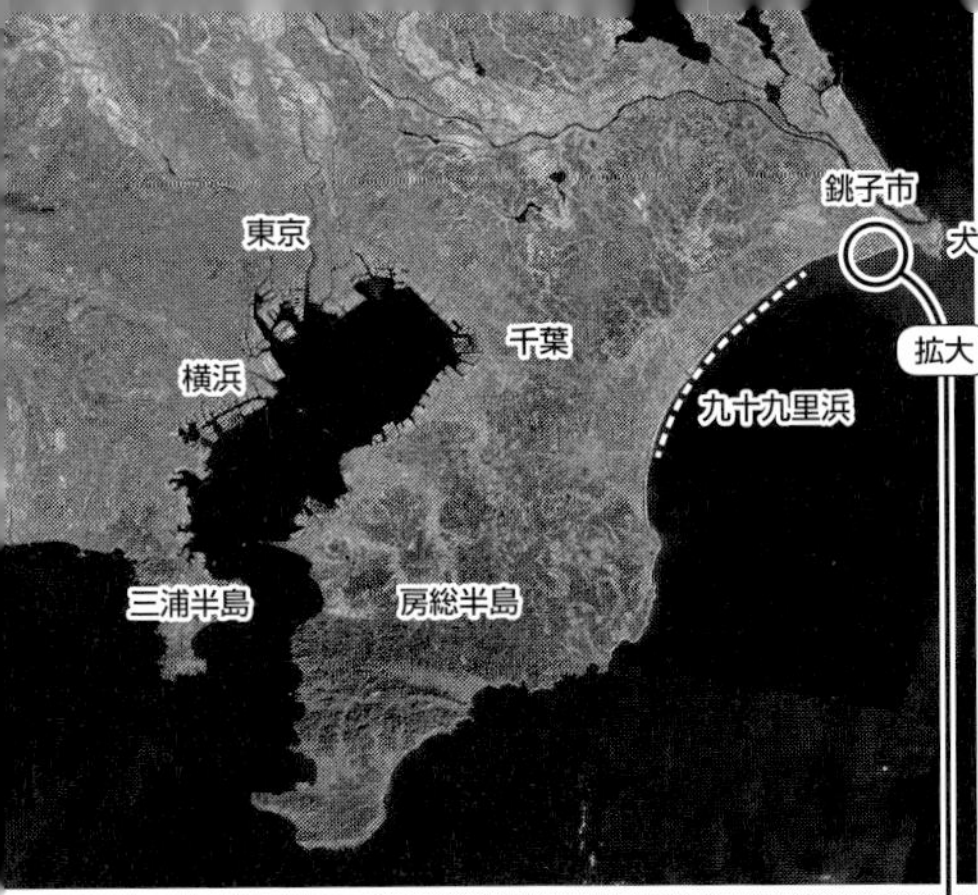

写真３　銚子ドーバーラインの別名がある屛風ヶ浦

屛風ヶ浦は、銚子市名洗町から旭市上永井の刑部岬まで約10㎞連なる海食崖の崖線で、水郷筑波国定公園に属する。イギリスとフランスの間のドーバー海峡にある崖に似ていることから命名された

スカイビュースケープから配信されたランドサットの画像データを用いて、カシミール３Ｄで作製した

写真下　カシミール３Ｄを用いて作製。標高は10倍強調している。この背景データ地図等データは、国土地理院の電子国土Webシステムから配信されたものである

されてしまったのですが、平安時代末期に片岡常春《かたおかつねはる》がかまえていたとされる佐貫城《さぬきじょう》の遺構は、はるか沖中に没したといいます。「四〇～五〇年で五〇メートル」なら一〇〇〇年前だと約一キロメートル沖合だった計算ですが、城跡は現海岸から二キロメートルほど先といわれているから、実際の後退速度はもっと速かったのでしょう。

　けれども海波の侵食は人工的に停止され、白っぽい崖は日本の海岸によく見かけられる緑の急斜面に変じつつあります。しかも工事の結果「侵食漂砂」の供給が停止され、西につづく九十九里浜の景観まで急速に変容がすすんでいるのです。

　ところで、目に見える崖や浜は、それと指摘されれば誰にでもその存在や変容は了解されますが、実は崖が不在とされる東京低地にも、巨大な段丘が存在しています。

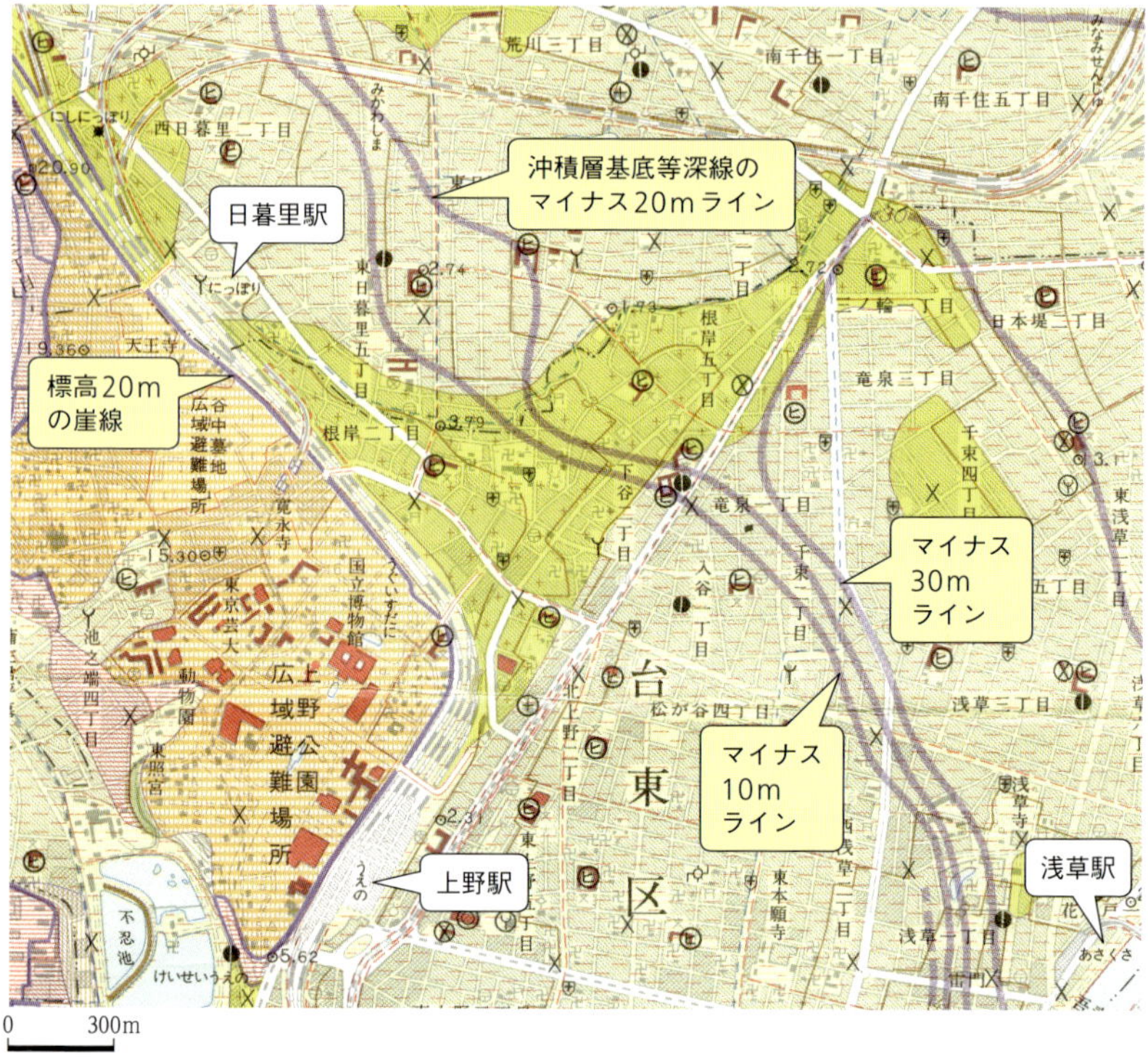

図３
土地条件図に記入された「沖積層基底等深線」
上辺左寄り「みかわしま」を通る紫色の太線が沖積層基底等深線の20mライン。その左を通る線は同10m。左上「にっぽり」から「うえの」にかけて斜めに走るのは「崖」の線。㊐は緊急広域避難所。1：25000土地条件図「東京東北部」（昭和53年調査。国土地理院発行）の一部を88%に縮小

見えない崖

それは沖積層に埋没して存在する段丘でした。段丘であるからには、段丘面と段丘崖がある（36ページ、図4参照）。つまり下町が展開する東京低地には「見えない崖」が隠れていたのです。

図3の左側、上野の台地をなぞる紫色の線は台地端の海食崖の崖線を示していますが、図の右下から左上に延びる三本の紫の線は「沖積層基底等深線」で、沖積層の深さが、それぞれ左から標高マイナス一〇メートル、二〇メートル、三〇メートルである

写真４　銚子の屛風ヶ浦
崖高40～60m、延長10㎞におよぶ「東洋のドーバーライン」は約半世紀で陸地が50m後退したため、消波ブロックが設けられ、遊歩道も設けられた

写真５　上部層を同じくする屛風ヶ浦と日暮里
屛風ヶ浦の上層部の土は、日暮里崖線と同じ関東ローム層なので、赤っぽく見える。海食崖の典型である銚子屛風ヶ浦も、消波堤が整備されてからは崖裾に植物が侵入し、灌木が生い茂るようになった。東洋のドーバーラインが緑の海岸線に変貌するのは時間の問題である

ことをあらわしています。

図では「台東区」という文字が乗っている平面が埋没している段丘面で、面上に一〇メートルの厚さの沖積層を広く載せている。図中央右手「竜泉一丁目」からその下の「浅草一丁目」の文字にかかる三本の紫の線は、比高二〇メートルの急斜面つまり段丘崖があることを示している。浅草駅は埋れた谷の上に乗っていることがよみとれるでしょう。

そうして、東京低地のさらに東（図外）、旧中川の蛇行部が残る一帯の北側まではマイナス七〇メートルの等深線が伸びていて、巨大な段丘崖と谷が存在し、その上を軟弱な沖積層が、深く、厚く堆積しているのです（37ページ、図5⑶参照）。

屏風ヶ浦と屏風浦

永井荷風がはからずも「最も偉大」と称えた日暮里の崖は、遠望すれば断続しながら横浜の先までつづく「遠い崖」すなわち「海食崖」の一角でした。

ところでいまではその姿を消し、京浜急行本線の駅名「屏風浦《びょうぶがうら》」として残されているだけとなったけれど、横浜市磯子区の「屏風ヶ浦」は、江戸湾を測量して作製された、ペリーの海図にも記載されている、海岸べりに張り付いたような海食崖でした（松田磐余《いわれ》「根岸湾」『季刊Collegio』No.46,2011）。

そもそも「屏風」とは「長くのびた断崖」（楠原佑介・溝手理太郎編『地名用語語源辞典』一九八三年刊）のことで、「屏風（ヶ）浦」とは、固有地名ではなく、海食崖をあらわす一般名詞、つまり地形用語だったのです。かつて海食崖はまさに海に接していて、「侵食現役」でしたから、「緑色」でなかったのだけはたしかなことでした。

コラム③　荷風の祠

永井荷風の『日和下駄』は、今や東京街歩き本元祖の趣がある。その「第一　日和下駄」の次、二番目に登場するのは「淫祠《いんし》」つまりお稲荷《いなり》さんで、有名な「伊勢屋、稲荷に犬の糞」という江戸に多き三アイテムのひとつにわざわざ「淫」を冠している。そうして荷風散人は「裏町を行こう、横道を歩もう。（略）裏通りにはきまって淫祠がある。淫祠は昔から今に至るまで政府の庇護を受けたことはない。目こぼしで其《そ》の儘《まま》に打捨てて置かれれば結構、ややもすれば取払われるべきものである。（略）私は淫祠を好む」と宣《のたま》い、「淫祠は遥かに銅像以上の審美的価値がある」とまで強弁する。

「路傍の祠」に対するかほどの思い入れは、今日の私たちからすれば過ぎる感がある。しかし散人の反語は、私たちにとっては逆に当時の廃仏毀釈《はいぶつきしゃく》、神社合祀、国家神道支配の潮流と「旧幕」文化否定風潮の流速を測定する縁《よすが》とすればよいのだろう。

ただし、お稲荷さんご自身は政権の庇護を受けなかったどころでなく、今でも「正一位稲荷大明神《しょういちいいなりだいみょうじん》」の旗ひらめかせ、大勲位《だいくんい》にあらせられる。

他方、荷風当時の東京の「閑地」は一掃《いっそう》され、青い水面や子どものいる路地、夕陽も目にするに難く、樹木や寺も限られた場所に押し込められて久しい。

写真６　稲荷の祠
千代田区麴町４丁目の麴町ダイヤモンドビルの一画に鎮座する、豊栄稲荷

コラム④ 日暮里の崖と小林一茶

日暮里の崖上にあって眺望よろしきがため「月見寺」として名高い日蓮宗の長久山本行寺《ほんぎょうじ》（26ページ、図2参照）は、この一帯の例に漏れず太田《おおた》道灌《どうかん》伝説の地のひとつで、境内には道灌物見塚の碑（道灌丘之碑）も残されている。新旧地形図を見比べてみると、寺は鉄道敷地拡幅のため境内地を大分抉り取られたことがわかる。日暮里も谷中寺町側は「日暮しの里」の名に恥じず、「雪月花」がセット。雪見寺こと浄光寺、花見寺は修性院あるいは青雲寺で三拍子揃《そろ》う。本行寺は名月寺で、その月の影をどこか念頭に置きながらか、小林一茶はその寺で「青い田の露を肴やひとり酒」（『文政句帖』）の句を残している。一茶が度々この寺を訪れたのは、本行寺二〇世住職日桓上人が一瓢《いっぴょう》という俳号をもち、交わりも深かったからで、現在寺には一茶の句碑「陽炎や道灌どのの物見塚」がある。

縄文時代の一時期、崖下低地を覆っていた青い海の波は、江戸時代には稲田の緑に変じていたのだった。

写真７　本行寺境内にある一茶の句碑

写真８　日蓮宗の長久山本行寺
大正末期から昭和初期にかけて行われた鉄道敷地拡幅のため、本行寺の境内は大幅に削られ、崖は後退した。山門前に寺歴と小林一茶に触れた説明板が立つ。「道灌丘之碑」は山門を入って正面にある（撮影：吉田みのり）

コラム⑤

崖上の漱石、崖下の一葉

崖に縁がありすぎると、「崖棲《す》み」という言葉をちらりと思い浮かべる。けれども、この言葉にはむしろ『門』（夏目漱石）の主人公宗助《そうすけ》夫妻のように、崖縁ではなくて崖下にひっそりと生を営む姿がふさわしい。漱石自身が崖下に住んだという話は聞かないけれど、樋口一葉の終焉の地、丸山福山町四番（現、文京区西片一丁目一七番八号）はまさしく崖の下。その家には後年漱石の弟子の森田草平がそれと知らずに引っ越して来る（写真10）。

それは白山通り都道三〇一号線に面した一隅。ただし現在では、通りから崖を認めることは難しい。写真10は、なんとか探し出した、崖がかいま見える一角からのショット。

一方、師の漱石はその崖の上に住んだ（西片の家。西片町十番地ろノ七号。現、文京区西片一丁目一四番八号）。ただしその期間は明治三九年一二月から翌年九月までで、「猫の家」と「漱石山房」の間にはさまれた一年未満。しかしながら一葉が住まいと知って己の文運予兆を喜んだ崖下の森田の借家は、明治四三年八月の豪雨によって崩落、土砂の下となり、全壊してしまうのだった（夏目漱石「思い出す事など十一」）。

写真10　ビルの隙間から見える崖
文京区西片１丁目の路地の正面に２階建ての家があるが、その背後が10mほどの崖である。崖上に２階建ての家が建っている

写真９
新坂（福山坂）の「新崖」
本郷台地上の旧福山藩邸地に通じる道として斜面に細いヘアピン状の「新坂」が開削されたのは明治20年頃。坂上一帯は学者町といわれ、夏目漱石をはじめ著名な人々が住んだ。写真はそのときにできた人工崖

コラム⑥　氷河性海面変動と侵食崖の生成

江戸・東京の地形の成り立ちを考える場合、もっとも基本となるのは「氷河性海面変動」という概念で、「縄文海進」もその変動現象の一部。

氷河性海面変動とは、寒冷期に陸上の水が氷河として固定されるため海面が低下し（海退）、間氷期（温暖期）にはその逆の海進現象が起きたことを指す。現在からさかのぼって一〇〇万年の間に、氷期と間氷期は八万〜一〇万年の周期で繰り返された。

一二万年前〜一三万年前は間氷期で、東京から千葉、埼玉、神奈川など広い範囲が海の底だった（図5(1)）。

逆に近年では、二万年前〜一万八〇〇〇年前が寒冷期のピーク。その時期、平均気温は現在と比べて七〜八度低く、海面は一三〇メートルも低下して東京湾は消失し、巨大な「古東京川」が浦賀付近を河口として太平洋に注いでいた（図5(3)）。

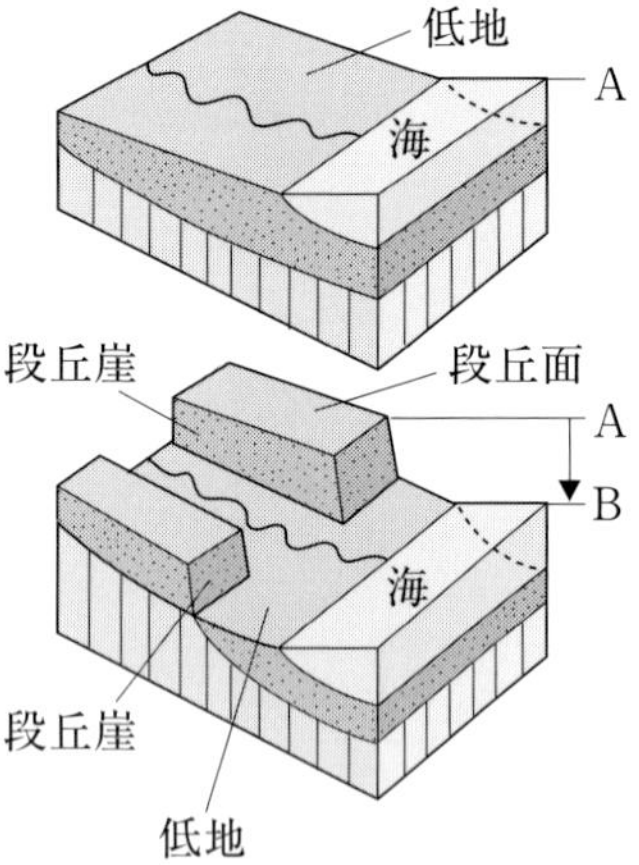

図4　侵食基準面の低下と崖の生成

松田磐余『江戸・東京地形学散歩』の図を改変

ところで、河川の侵食作用の基準面は海面であり、図4のように海面がAからBへ低下（または地盤が隆起）すると、かつての低地が段丘（台地）面となり、段丘崖が出現する。

江戸・東京の基本的な崖のひとつは、前述のように海波が侵食した海食崖だが、その海食崖の祖をたずね

図5
関東平野と東京の地形の変遷
貝塚爽平著『東京の自然史』（講談社学術文庫166〜167ページより）

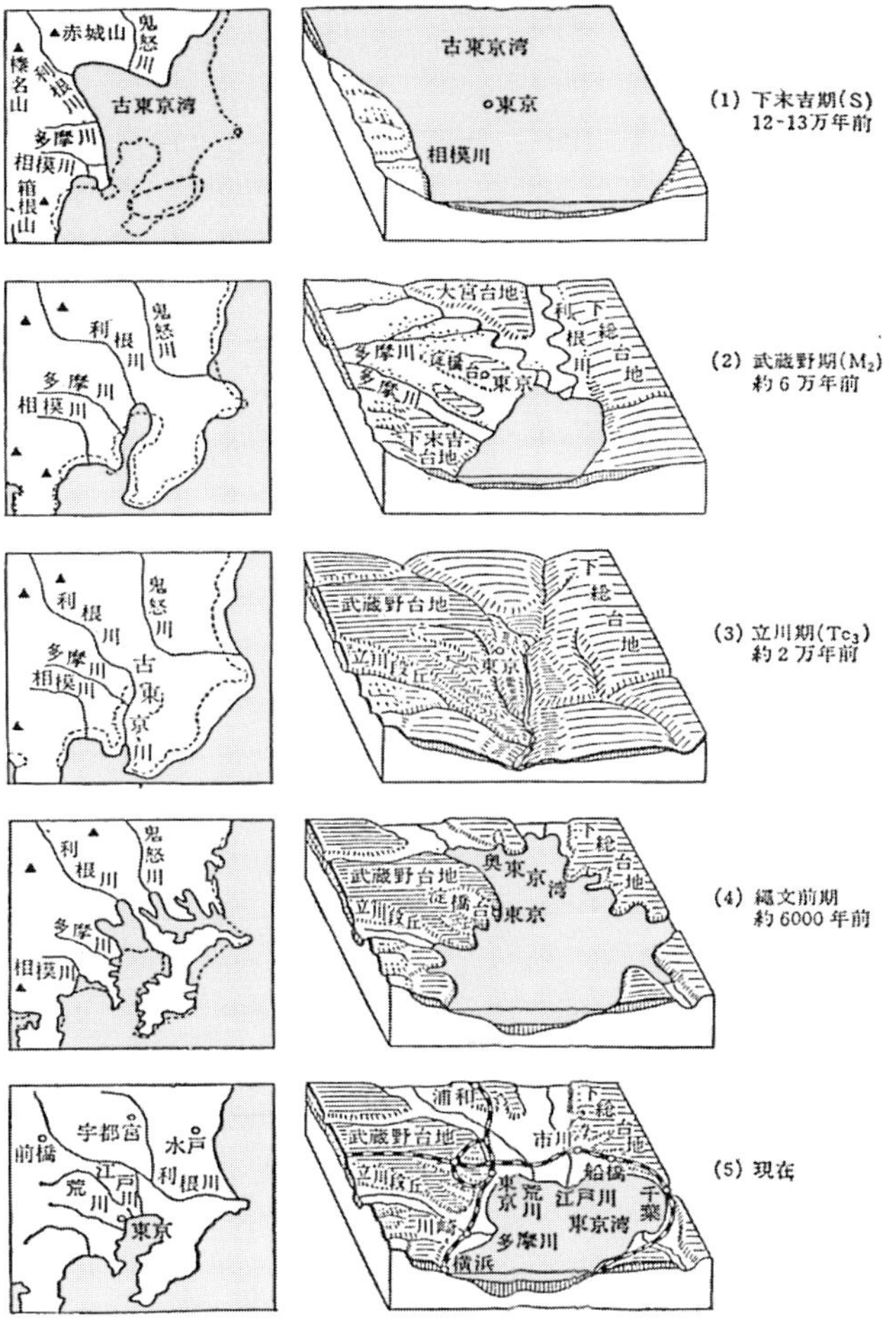

れば、海面（侵食基準面）変動によって形成された段丘崖に行き着くことになる（図5(3)）。

もうひとつの江戸・東京の基本的な崖である河食崖（河川侵食崖）は、流れる水が河《か》床《しょう》を掘り下げる（河床侵食＝下刻《かこく》）ことによって形成される。その要因には、海面（侵食基準面）の低下による下流の河床勾配の増加のほか、河川流路自体の短縮化《ショートカット》による河床勾配の増加や、多雨化による河川流量の増加などが考えられている。

第3章

崖棲《す》み人《びと》と動物たち
——麻布——

アザブエリアは坂と崖の宝庫。「麻布七不思議」に代表されるように、東京二三区のなかでも、とりわけ豊穣な時間と空間の凹凸地域にわけ入ってみれば、そこには……。

麻布は坂が多い（坂下の右手が島崎藤村旧居跡）

カシミール3Dを用い、石川初氏の「5mメッシュ東京スペシャル」のパレット設定を使用して作製。国土地理院発行の「数値地図5mメッシュ（標高）」を使用した

複雑な侵食地形を示す麻布地区

淀橋台は武蔵野台地の一部をなすが、海成層に起源をもつ古い地形で、標高も高く、陸水によって複雑な谷が形成された。低地との界辺は崖（海食崖）となり、愛宕山や高輪台地のような狭く細長い地形が残された

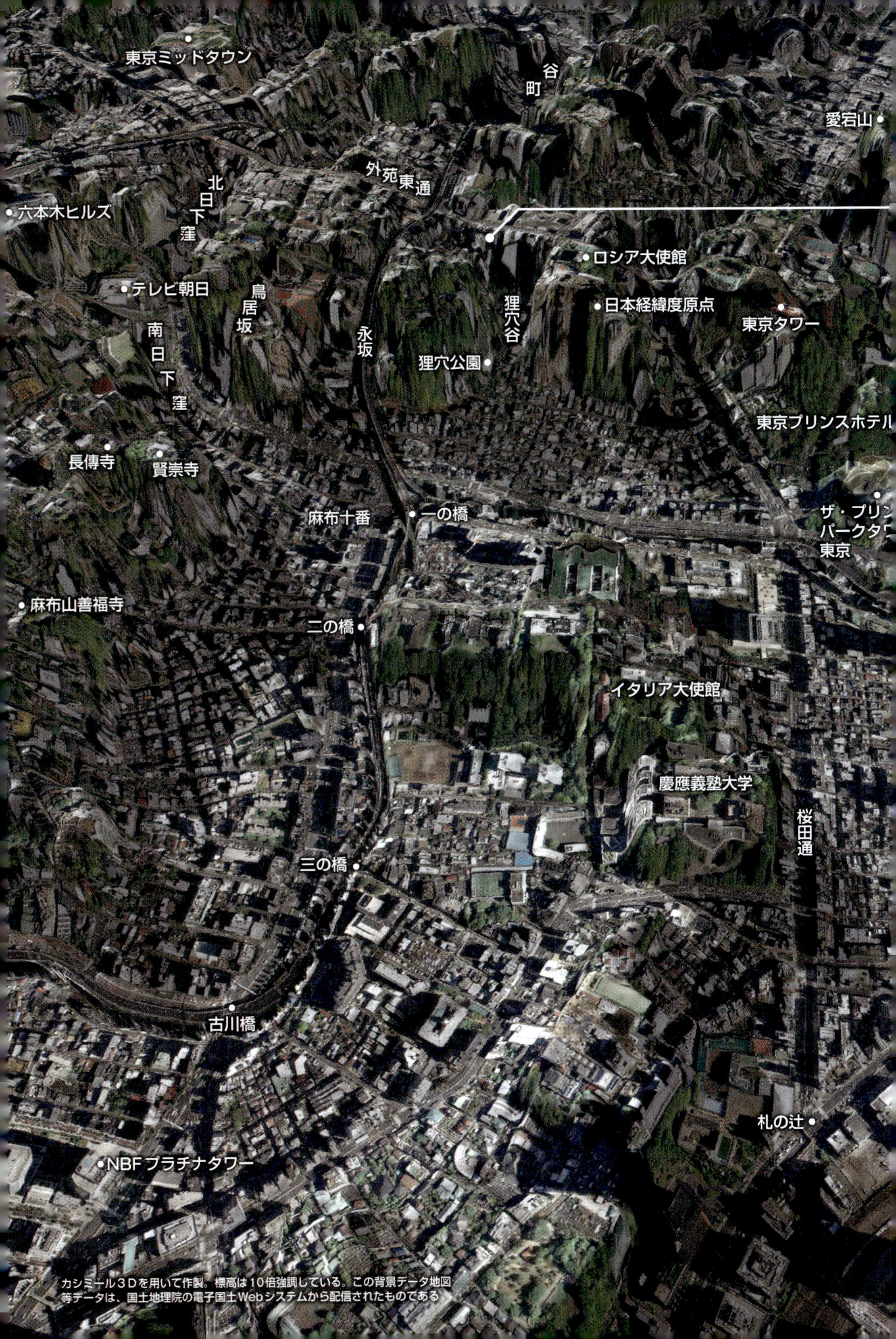

カシミール3Dを用いて作製。標高は10倍強調している。この背景データ地図等データは、国土地理院の電子国土Webシステムから配信されたものである

我善坊町

真っ白いコンクリートや光るガラス、灰色の舗石で被覆された現代都市も、一枚めくれば人間の時間尺度とは異なる大地の生理が脈打っています。まして江戸・東京の地盤は、硬い岩盤が露出するニューヨークなどとは対極にあり、未固結土壌で厚く覆われた台地と沖積地が、プレート境界の「変動帯」の上に乗っているのです。

歴史学者にして日本歴史地理学会創設者の一人である吉田東伍《とうご》（一八六四～一九一八）は、軟質土壌の台地とそれを刻む谷筋に展開する麻布の地形を、次のように簡潔に言い表しています。

「全く丘陵の上に居り、地勢高下均整ならず、崖谷分裂して、山丘起伏多し、大小の邸宅、商工の民巷、其間に密布す」（『大日本地名辞書』【増補版】第六巻【坂東】の「武蔵（東京）麻布区」）

軟弱な地盤に露出した崖は、地質的に大変もろいという特徴があります。都内でも有数の崖集中地区である港区には崖崩れ被害のおそれのある「急傾斜地崩壊危険箇所」が一一八ヵ所（平成一三年度、都調査）あって、そのうち港区麻布台一丁目から東麻布、隣接する六本木一帯と西麻布、元麻布、そして南麻布にかけては約四〇を数えます（129～131ページ参照）。

ちなみに「急傾斜地」とは、傾斜度が三〇度以上ある土地のこと。

なかでも麻布発祥の地である旧麻布本村町（現在の元麻布一・二丁目）は、急傾斜地が多く、少し歩くだけで息があがるような坂道が少なくありません。この地は、元来は麻布台地の東端から古川谷《ふるかわ》（麻布十番）の西斜面にかけて広がる麻布山善福寺《ぜんぷくじ》の寺域。善福寺は江戸でも浅草寺につぐ古刹《こさつ》で、天長元（八二四）年空海の開山と伝えます。今日その後背台地上には、巨大卒塔婆《そとば》然として「元麻布ヒルズフォレストタワー」が直立しています（写真1）。実はこの麻布界隈には「麻布七不思議」なるものが伝えられている。

地域に伝わる不思議な現象や伝承を指す「七不思議」は、日本各地に見られますが、江戸ではここ麻布と本所《ほんじょ》が有名。「麻布七不思議」は、蝦蟇《がま》池のほか、善福寺の逆《さか》さ銀杏《いちょう》、六本木、柳の井戸、狸穴《まみあな》の古洞、古川《ふるかわ》の狸《たぬき》囃子、我善坊《がぜんぼう》などがあり、数え方によっては七つどころか二〇以上にもなるといいます。

写真１　元麻布ヒルズフォレストタワー

麻布山善福寺の末寺の〝崖墓地〟から見た「タワー」は、さながらコンクリートとガラスでできた「メモリアル」のようである。地域景観に異化した「ひとりよがり建築」（？）のひとつとして知られる

写真２　蝦蟇池の水面

もともとは、旗本・山崎家の屋敷。大池の主である蝦蟇ガエルが、文政４年の大火事に際し、口から水を吹いて山崎家を守ったという伝説がある

なかでも蝦蟇池は有名ながら、マンションの裏庭に取り込まれてしまったため、容易に目にすることはできない。ただし、現地をひとまわりしてみれば、池の水面がかいま見える場所が見つかるかもしれません（41ページ、写真2）。

同じく七不思議のひとつで、旧麻布本村町の北にある旧麻布我善坊町も、人ぞ知る崖の「名所」。その崖上に立つと、霊友会の巨大な「釈迦殿」や六本木ヒルズなどがいやでも視界に入ります。旧麻布我善坊町は、谷底であるにもかかわらず現在の住居表示は麻布台一丁目。

これまた麻布の不思議に数えられるかもしれませんが、元来の地名は龕前堂《がんぜんどう》谷といわれます。その由来は、寛永三（一六二六）年の徳川秀忠正室お江《ごう》の方の遺言によって、当時武家では珍しい火葬を行い、増上寺から六本木の火葬地に至る葬儀経路とその設備跡にちなむ、という説が有力。都心商業地に接する場所柄だけに、バブル期の地上げに巻き込まれたものの、再開発は一時中断、部分的には廃墟の雰囲気もある一帯でした。ところが最近では北側の崖地から開発は再開されたような趣。とりあえずはピカピカのビルが、崖の崩壊を止める擁壁がわりになってくれることでしょう。

崖上の感情

六本木ヒルズの足下、旧日下窪《ひがくぼ》町の「藪下」が舞台の崖地小説『金魚撩乱』を著した岡本かの子、西麻布四丁目「高樹町《たかぎちょう》」インター近くに住んでいた徳富蘆花《ろか》など、麻布界隈は実は文士との縁が深い街でもあります。この地が都内有数の崖スポットであることが、彼らの作品にも影響している、と見ることも可能でしょう。それら一つ一つを読み解くことは

写真３
我善坊谷を見下ろす

霊友会釈迦殿脇の「三年坂」上から我善坊の谷を見下ろす。右上の建物は、郵政総合研究所。その向こうに頭を出しているのは六本木ヒルズ。谷底から台地面までの比高は10mから13m以上ある

写真４（左下）
狸穴谷から見上げる東京タワー
（撮影：吉田みのり）

写真５（右下）
我善坊谷の民家
これぞ『ある崖上の感情』？
（撮影：吉田みのり）

できませんが、ここではとくに、狸穴や飯倉《いいぐら》界隈を舞台とした文学作品をもとに「麻布の崖」の姿を追いかけてみましょう。

珠玉の短編『檸檬《レモン》』で知られる作家梶井《かじい》基次《もとじ》郎《ろう》は、『ある崖上の感情』という、四〇〇字詰めで三四枚ほどの文章を遺していました。それは崖の上か、崖縁か、崖面か、崖中か、崖下か、依拠する場の位相が人生の機微に作用する一側面を捉えています。『文藝都市』昭和三（一九二八）年七月号（紀伊國屋書店発行）に発表といいますから、同七（一九三二）年三月二四日（檸檬忌）満三一歳で早世する作家に残された時間は、四年に満たなかったのでした。『ある崖上の感情』の末尾は次のような鉤括弧付の三行で結ばれていました。

彼等は知らない。病院の窓の人びとは、崖下の窓を。崖下の窓の人びとは、病院の窓を。そして崖の上にこんな感情のあることを——

この短編の主題は、崖の上から見下ろす景観、もっといえば他人の家の窓を眺めそして想像する、その秘密めいた人間の感情そのものでした。崖際に下宿する主人公の青年・生島は、崖上からの「窓の眺め」が好きだと、酒場で偶然出会った同年代の石田に話します。石田は、窓のなかにいる人間は「はかない運命」を背負って浮世に生きているように見えると答え、崖上通いと「覗き見」を始めます。

そうしてこの作品の末尾に並べられたのは、石田が目にすることになった「崖下の窓」でのベッドシーンと、「病院の窓」に垣間見た臨終の場面という、人生の相反する二つのベクトルの交差なのでした。梶井は「それは人間の喜びや悲しみを絶したある厳粛な感情であった」と、そして「ある意力のある無常感であった」と書きます。
「崖上の感情」とは、東京という近代都市が膨張していく過程で出現した感性のひとつを言い当てているといっていいでしょう。地縁や血縁といった共同性から離脱し、都市に孤立して生をつなぐ人間には、個々人が「秘密」をそだて、視る／観られるという合わせ鏡のようなショーウィンドー感覚もはぐくむことになったのです。

飯倉を望む窪地

さて、梶井のこの作品のどこまでが著者の実体験であるか、そこは文学ですから虚実何ともいいようがありませんが、彼が友人たち（伊藤整や三好達治）と当時飯倉片町の「崖際」に住んでいたことは確かで、大正一四（一九二五）年五月から昭和三年三月までのほぼ三年間をこの地で暮らしていました。
これも小品ですが、その生活記録に近いような作に『椽《かなひで》の花』という作品があって、そこにはこのような記述がみられます。

私の部屋はいい部屋です。難を云えば造りが薄手に出来ていて湿気などに敏感なことです。一つの窓は樹木とそして崖とに近く、一つの窓は奥狸穴などの低地をへだてて飯倉の電車道に臨む展望です。（略）崖に面した窓の近くには手にとどく程の距離にかなひでという木があります。

現在の地番になおすと港区麻布台三丁目四番二一号にその二階家の下宿はありました（次ページ、写真６／47ページ、図１－①）。奥狸穴《おくまみあな》は当時の飯倉片町にある窪地（図１－⑤）で、飯倉の台地つまり外苑東通り（図1－③）へとつながっています。おそらく梶井は二階の部屋から「狸穴の崖」を日々眺めたはずです。『ある崖上の感情』のモチーフは、梶井が眼にしていた日常風景にあったことは想像に難くありません。今は建物の陰となって、そこから狸穴の谷や飯倉方面を望むことはできません。

図1の左手半ば「麻布永坂町」という文字の右下に等高線の束が見えますね（図1－⑩）。下に小さく「10」とありますから、そのやや太い線（地図用語では「計曲線」）が標高一〇メートルのライン。等高線の束が何本か集束して一本のギザギザのついた線となってしまうものが、地図凡例では「擁壁」

写真6　梶井基次郎旧下宿跡

鼠坂上、植木坂なかほどにあたる梶井基次郎の下宿跡は、この写真の建物右手にあった。左手の植木坂上左にブリヂストン美術館分館がある

写真7　鼠坂

港区立狸穴公園の北を上下する鼠坂の西側の崖。下りきったところと崖頂部との比高は16m。島崎藤村の旧居はこの坂を上った左手にあった。一般に細い急坂を、江戸の頃から「鼠坂」と呼んだ。鼠が棲息していたわけではない

図１　1：10000地形図「渋谷」（平成７年修正、国土地理院）の一部（158％に拡大）

右上に地下鉄神谷町駅、その左手下が我善坊谷。中央右寄りにロシア大使館。図の左下は麻布十番の谷で、古川の一之橋がみえる。六本木ヒルズは、図外左手。図外右手は芝公園と東京タワー

写真８　ロシア大使館の敷地西側の崖
比高約７ｍのほぼ直立する石垣とコンクリート擁壁の上は、「在日ロシア連邦大使館・領事部」の建物。南下する坂道は「狸穴坂」。麻布は坂と崖だらけの観がある

（図1－⑥）。人工的に被覆された、あるいは加工された急斜面で、つまりは「崖」なのでした。

「麻布永坂町」という文字の右にある急斜面を北に行くと「麻布台三丁目」とあり、「目」という文字のあたりに梶井基次郎の下宿があったことはすでに述べました。梶井が書いた「飯倉の電車道」とはロシア大使館（写真8、図1－④）に向かう今の外苑東通りのことで、この通りは侵食谷を避けた尾根筋にあたる（図1－③）。飯倉の交差点は、ロシア大使館東の桜田通りとの交点です。

狸穴

図1の左下「一ノ橋インターチェンジ」（図1－⑨）でほぼ直角に東に折れる高速道路は渋谷川下流の古川をそっくり覆っています。川自体は暗渠《あんきょ》（道路などの地下に埋設したり、水面が見えないように

ふたがしてある通水路や排水溝）ではないから、いまでも水面を見ようとすればそれは不可能ではない。

麻布一帯の高台（淀橋台、38ページ、下図参照）の基盤となっているのは、下末吉層《しもすえよしそう》と呼ばれる、武蔵野台地のなかでも古きに属する海成の地層です。その段丘面を流れる水は、かつて竪つまり川底を掘り下げる（下刻《かこく》）だけでなく、横つまり谷壁（崖あるいは斜面）側面を攻撃して流路河床を広げていた（側刻《そっこく》）のですが、さらに上流に向かって谷を延長する作用（谷頭侵食《こくとう》）も加わっていました。

こうした水の作用は、メインストリームにみられるだけでなく、周囲の凸部（尾根筋）から主流に流れ下る雨水や湧水の筋も支谷を刻みますから、一〇〇〜一〇〇〇〇年きざみの陸水動態マップを作成すれば、一定の時期に主脈枝脈のツリー構造が増殖し、それぞれの高み（尾根筋）に向かってうねうねと触手を伸ばしていくのが見てとれるでしょう。

梶井が下宿の二階から見下ろしていたのは、古川の支谷がつくりだした狸穴の窪地で、かつては外苑東通り直下から湧きだした水が、その窪地の谷底を下っていたはずです。

図1-⑤に縦書きで「麻布狸穴町」とあり、東の「狸穴坂」の崖との間にすっぽり収まっているのがその窪地。一万年か二万年前からか、動物たちがお住まいだったのは、南に少しすぼまって開けたその窪地斜面の、つまりは崖穴だったと思われます。

狸穴の地名の由来については、崖穴に狸が棲んでいたというのが、妥当なところでしょうが、hakeやgake、bakkeなどとはまた別系統の、「崖」を指示する「真間＝ママ」に由来する可能性もある（16ページ、コラム②「崖地形用語と崖線」参照）。

そうだとすれば、「マミ」とはママすなわち崖に棲むものという意味ですから、必ずしも狸である必要がない。穴熊《あなぐま》や獺《かわうそ》、貂《てん》に狐も立派なマミだし、今日では移入種のアライグマやハクビシンも加えられるでしょう。天敵の近付きがたい、急斜面の地穴に棲まう哺乳類を、ママスミ＝マミと呼んだとすれば、それは自然な成り行きでした。

『日本国語大辞典』の「まみ」の項は「【貒・猯・貉】穴熊、狸などの類」とし、一七世紀初頭に成立した『日葡辞書』には「Mami（マミ）〈訳〉やまいぬの類の動物」とあります。野良犬も野良猫も、崖にお住まいならばマミになる。マミアナとは、古い地名を丹念にしらべれば、各地に例を見出せる地形用語なのです。

作家はどん詰まり地形を好む？

図1－⑧は「港区立狸穴公園」で、「三・一一」以前は子どもを遊ばせている外人さんをよく見かけた場所でした。その西斜面は往時の崖の姿を偲《しの》ぶのによい素材。この公園に、北側から結構な傾斜で下りて来る細い道が、「鼠坂《ねずみざか》」です（図1－⑦）。

前述のように地図の「麻布台三丁目」の「目」の文字の真下あたりが梶井たちの下宿跡ですが、実は「目」の右上あたり、至近の場所に島崎藤村の寓居があったのです（図1－②）。「狸穴」の谷が西北に少し突き出した窪地は、大正七年（一九一八）年から昭和一一（一九三六）年までの約一八年間文豪が住まったところ。『夜明け前』などが執筆されたのもこの「飯倉片町」の狸穴窪地なのですが、戦災の瓦礫《がれき》処理でこの一角は平坦化されたといいます。当時路上で見掛けると、梶井は藤村を直立して待ち、お辞儀をしたといいます。その藤村は『飯倉附近』という文章で「鼠坂」の様子を「狸穴坂」と対比しながら次のように書き遺しています。

> 鼠坂は、私達の家の前あたりから更に森元町の方へ谷を降りて行こうとするところにある細い坂だ。植木坂と鼠坂とは狸穴坂に並行した一つの坂の連続と見ていい。ただ狸穴坂の方はなだらかに長く延びて行っている傾斜の地勢にあるにひきかえ、こちらは二段になった坂であるだけ、勾配も急で、雨でも降ると道の砂利を流す。こんな鼠坂であるが、春先の道に椿の花の落ちるような風情がないでもない。この界隈で、真先に春の来ることを告げ顔なのも、毎年そこの路傍に蕾を支度する椿の枝である。

鼠坂とは、一般に江戸の昔から細い急坂をそう呼んだもので、鼠が出没したから、その称があるわけではない。ちなみに、文京区音羽の谷に東側から下る狭い坂も鼠坂。森鷗外には、この音羽の坂を舞台とした『鼠坂』という短編があり、その冒頭に「鼠でなくては上がり降りが出来ないと云う意味」と書き付けています。

窪地や小路の奥のような場所が、小説や脚本書きに好まれたという話は、黒川《くろかわ》鍾信《あつのぶ》『神楽坂ホン書き旅館』でも指摘されており、どうやら、崖や窪地といった「どん詰まり地形」は、物書きをして、イメージを絞り出させるのに効があったようなのです。

写真９
路地の奥に「ホン書き旅館」がある

コラム⑦ 「バッケ」の現場

新宿区と中野区の境界をなす妙正寺川《みょうしょうじがわ》は、大きくうねって北から南下し、さらに約九〇度方向を変え、新宿区中井二丁目辺りから東へ向かう。この流路の転換点一帯は昔からたびたび溢水《いっすい》をおこし、現在では大きく河川改修が加えられた。川の屈曲点内側の落合公園地下には、五〇〇〇立方メートルの水を一時的に貯水できる妙正寺川落合調節池が設けられている。

この近く、西武新宿線中井駅下車、西北西徒歩五分のところに、新宿区立林芙美子《はやしふみこ》記念館があることはよく知られている。記念館は、妙正寺川で区切られる目白台地の南端斜面に位置していて、以前からこの界隈に住まっていた林夫妻が昭和一四年に購入した土地を再生したものだった。

河川改修前にこの流路転換点にあった大きな堰《せき》を「ばっけ」といった、と芙美子は書いている（「落合町山川記」）。林の親友で傑作『第七官界彷徨《だいななかんかいほうこう》』を残して郷里に帰った尾崎翠《おざきみどり》が、それをものした家（林も一時住んだ）の跡は、改修工事で流路が変わり、現在の川底となってしまった由。

また、芙美子は、「ばっけ」を川の中に構築された「堰《せき》」だとし、それを知らない人はモグリだとも書いている。結構な水音の絶えない「堰」とその周囲は、確かに界隈の名所だったろう。けれども今日では、川はコンクリート三面張りの白っぽい姿をさらし、川水は底を舐《な》めるように流れているだけ。林芙美子記念館の関係者や土地の人に訊ねれば、「ばっけ」とは「堰」というよりも「原っぱ」で、川の曲がるあたりを「バッケが原」といって、子どものころに遊びに出かけたものだ、という昔話を聞くことができる。

けれどもしかし、すでにお気づきのように、この場合の「ばっけ」も、本来は「崖」を指した地形用語だった。だから「バッケが原」とは、崖（の上もしくは下）の原っぱ、という意味なのだ。同作品にはその崖の当時の光景が、「目白商業の山」や「ムウドンの丘（パリの高級住宅地ムードンに擬した）」とし

写真10　バッケの現場
新宿区中井２丁目の西端、妙正寺川が台地を侵食してできた崖。都内ではめずらしくコンクリート被覆のないむきだしの崖。左上は目白大学の建物

て描かれていた。現在の目白大学（当時は目白商業）のキャンパスは、目白台地の東南端に立地していて、大学の建物から西を見下ろせば、妙正寺川に接する、ネットで囲われた中野区の上高田公園運動場（野球場）が目に入る。芙美子によれば、そこはかつて「人家が途切れて広漠たる原野が続」き、画家たちがキャンバスを立て、凧《たこ》があがり模型飛行機が飛んだ「原っぱ」だったのだ。

　近くの崖上の御霊神社《ごりょうじんじゃ》から名をとった「御霊橋」についても描かれるが、その橋上に立てば北北東、比高一〇メートルの崖上に目白大学校舎が見上げるように建っている。そこからやや東南側、絶壁に近い高さ約八メートルの壁面は、これぞ崖。緑に覆われ、東京に残された数少ない自然斜面（写真10）であるそこは、現在、東京都建設局河川部によって「急傾斜地崩壊危険箇所」に指定されている「本物の崖」のひとつだった。

第4章

崖沿いの道と鉄道の浅からぬ関係

―大森―

JR京浜東北線大森駅の山王口を出ると、真向かいに高く続く石段道が目に入る。そこは比高一八メートルの急斜面が駅を見下《お》ろし、古い街道は斜面を横に這《は》いのぼる崖の街。

大森駅前の崖をほぼ直角に切り通した闇（くらやみ）坂

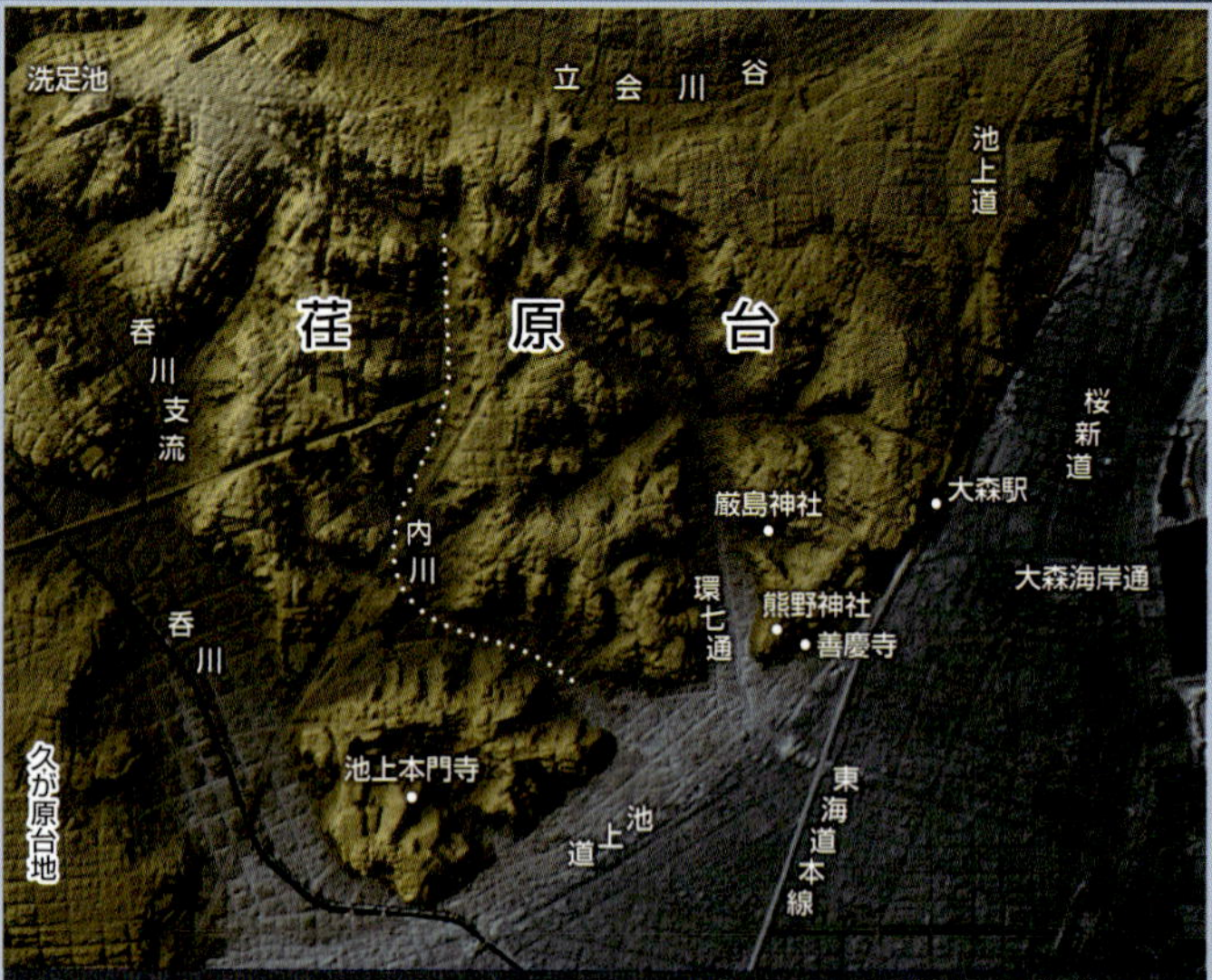

カシミール3Dを用い、石川初氏の「5mメッシュ東京スペシャル」のパレット設定を使用して作製。国土地理院発行の「数値地図5mメッシュ（標高）」を使用した

崖を横に這いのぼる道、崖下を崖に沿って走る鉄道

荏原台も、前章の淀橋台と同様古い段丘で、段丘面は複雑に侵食されている。古い街道（池上道）は崖下から段丘崖に沿いつつ這いのぼり、やがて段丘面を行く。ここでも鉄道は崖裾を削って敷設された

鹿嶋神社
大田区立山王小学校
大森貝塚跡
ジャーマン通り
大森駅前住宅
大森駅
大森テニスクラブ
天祖神社
日立製作所本社
大森山王館八景園
闇坂
東海道本線
池上道
熊野神社
善慶寺
大田区立入新井第一小学校
カシミール3Dを用いて作製。標高は10倍強調している。この背景データ地図等データは、国土地理院の電子国土Webシステムから配信されたものである

駅前風景

「三丁目の夕日」ではありませんが、「昭和三〇年代」を代表するイメージは「駅前食堂」や「駅前旅館」の類だと思っているのです。これに鼻丸型のボンネットバスと改札口（改札、つまりフダをあらためる、というのだから古風な話ですね）をもった低い三角屋根を配すれば、それだけで画面の骨格はほぼ仕上がってしまう。多少斜めに傾《かし》いだ木製電柱や貸本屋などを付け加えると、ちょいと芸が細かい、ということになるかも知れません。

鉄道は、とりわけ蒸気の時代、少しの勾配も上るのは難儀。だから平坦なところを選んで通されたと思われがちですが、起伏の激しい東京の山手ではそうもいかないところがあちこちにある。

構造物や看板でおおいつくされた駅前一帯の上皮を剥いでみれば、そこに出現したのは崖でした、という「駅前崖」の代表選手は上野駅（27ページ参照）ですが、もうひとつはJR東海道本線・京浜東北線大森駅。

JR大森駅の中央改札を出て右へ、西口（山王口）から階段を一四段下って立てば、そこは品川区内の京急線・青物横丁駅から大田区の池上本門寺を結ぶ、江戸時代からの池上道《いけがみみち》です（図1・図2を参照）。

今日この地点は標高一一メートルですが、右手（北側）、大井町方面に上り坂となっていて、二五〇メートルほど北の交差点付近の標高は一六メートルですから、その差五メートル。タンジェントの原理からこの間の傾斜を計算すると、約一度八分の、比較的緩い坂道でした。

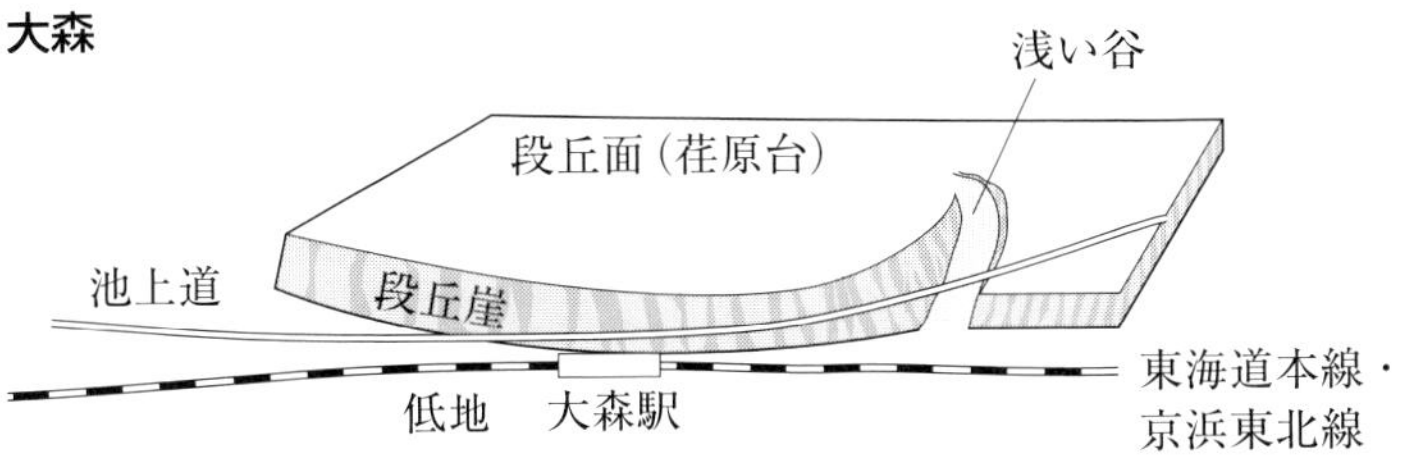

図１　大森の崖　地形の模式図

図２　大森の崖　追跡マップ

写真１　大森駅西口（山王口）向かいの階段

天祖神社正面を経て右に折れ、旧馬込文士村方面に向かう階段。階段の歩道側の柵に大田区の説明板が付けられている。階段は62段。歩道から最上段までの比高は約10ｍある

薬研と八景

駅の向かい側の天祖《てんそ》神社に上る石段（写真2）の側面に、大田区教育委員会の説明板が掛かっていて、それには、

大田区文化財　八景坂《はっけいざか》　今でこそゆるやかな坂であるが、昔は相当な急坂で、あたかも薬草などを刻む薬研《やげん》の溝のようだったところから、別名薬研坂と呼ばれた。

この坂の上からは、かつて大森の海辺より遠く房総まで一望でき、この風景を愛した人たちにより「笠島《かさじま》夜雨《やう》、鮫州《さめず》晴嵐《せいらん》、大森暮雪《おおもりぼせつ》、羽田帰帆《はねだきはん》、六郷夕照《ろくごうゆうしょう》、大《おお》井落雁《いらくがん》、袖浦秋月《そでがうらしゅうげつ》、池上晩鐘《いけがみばんしょう》」という八勝が選ばれ、八景坂というようになったといわれている。

かつて坂上には、源義家が鎧《よろい》をかけたと伝えられる松があり、広重らの浮世絵に描かれ、有名であった。

とあり、歌川広重の「八景坂鎧掛松」（図3）の絵が添えられています。元来中国が本家である「××八景」という景色コレクションは、日本でもやたらと各地に名乗りがあり、江戸の八景にもいろいろあって、当時も今も「両国暮雪《りょうごくぼせつ》、佃嶋帰帆《つくだじまきはん》、高輪《たかなわ》秋月《しゅうげつ》、浅艸夕照《あさくさゆうしょう》、上野晩鐘《うえのばんしょう》、不忍落雁《しのばずらくがん》、洲崎晴嵐《すざきせいらん》、真乳夜雨《まつちやう》」の、「大森」が入らないバージョンのほうが、一般的のようです。

ともあれ「八景坂」。それはこの説明板によれば、前出の池上道の一部を言ったものらしい。広重の絵を見てみると、坂というより、鎧掛け伝説の松を主体に描いたものであって、その松は切り立った崖の縁に生えています。崖下は水田で、東海道と松林の

写真２　天祖神社の石段
１段の蹴上約19㎝が47段、傾斜角は38度ある

図３　歌川広重の八景坂の図
旧東海道は右下、松並木のあたり

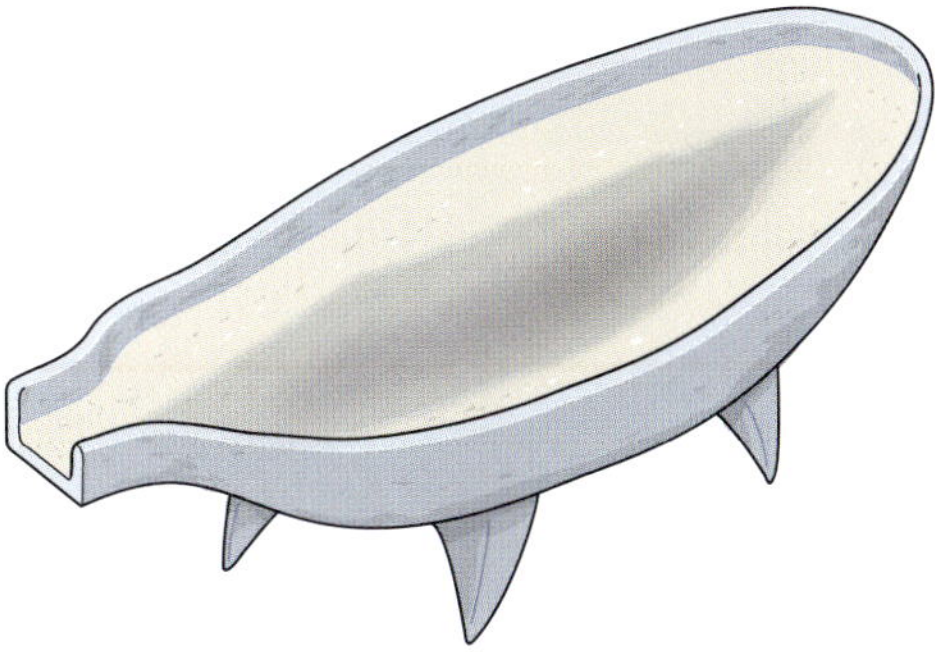

図４　薬研
漢方で製薬に用いる金属製の器具。細長い舟形をしていて、なかにＶ字形のくぼみがある

向こうには白帆が浮かぶ大森海岸を望む。

広重の絵では左端下に茶屋があり、荷馬《にうま》もみえ、池上道は崖縁の道のように描かれています。現在、東海道線・京浜東北線はさらにこの崖下を通っている。以下は、江戸時代とさほど地形も風景も変わってはいない明治初期のお話。

新橋―横浜間に鉄道が開通した明治五（一八七二）年九月一二日から五年も経たない明治一〇（一八七七）年六月一九日。アメリカ人動物学者E・S・モースは、横浜から新橋に向かう列車が大森を過ぎた直後、崖面に貝の堆積が露出しているのに気づいたといいます。

これが日本考古学・人類学発祥ポイントとして著名な「大森貝塚」発見の契機ですが、所在地は大森のある大田区ではなくて駅前から五〇〇メートルほど北に上った品川区大井六丁目。現在の大森貝塚遺跡庭園内に記念碑が立てられています。この庭園は池上道脇、つまりは崖上にありますが、元来の大森貝塚は、崖側面というか斜面下部にあったのですね。

大森貝塚庭園前池上道の標高（海抜）は九・三メートル。庭園内の中央はやや高くなっていますが、記念碑は庭園の奥、急斜面を下った鉄道敷地フェンス脇に建てられています（写真3上）。そこは標高四メートルほどで、縄文海進ピーク時の海岸線よりやや高かった程度。この線路すれすれの場所は鉄道ファンのビューポイント（写真3中）らしく、横のコンクリート吹きつけ斜面に、尻の痛いのもいとわずに座り続け、時刻表を脇にカメラを構える若者の姿を見かけることがあります。

この大森貝塚跡から大森海岸方向へまっすぐ五〇〇メートルほど東、現在の第一京浜国道脇には、江戸時代、鈴ヶ森刑場がありました。浮世絵では海が

写真３
大森貝塚遺跡庭園記念碑
標高（海抜）４～５ｍ地点にあたる。写真右手が崖（撮影：吉田みのり）

鉄道ファンにとって絶好のビューポイントが庭園内にある（撮影：吉田みのり）

庭園内のほぼ中央に位置するモース博士像（撮影：吉田みのり）

見えるほどですから、崖上からみれば著名な場所はそれとわかったはずなのに、広重もさすがに鎧掛松と刑場を一枚の絵に描くわけにはいかなかったのでしょう。八景はそもそもお目出度い名所なのですからね。

竪の坂・横の坂

話を大森駅周辺に戻しましょう。繰り返しますが、駅前を走る池上道は崖の斜面を崖に沿って上る道で、道脇にさらに高い崖が延びている。

西口（山王口）正面、天祖神社脇から旧「馬込文士村」に向かう石段（写真4左上）は、合計六二段ある急坂です。その平均傾斜角は約二二度で、約一〇メートルの比高があります。途中から天祖神社に分岐直登する石段（59ページ、写真2）もありますが、こちらはもっと急勾配で、比高八メートル、傾斜角三八度だから、そのまま立派な崖。

階段が崖なのではなくて、話はその逆。階段とは、人間による崖の変換（シフト）形のひとつなのでした（9ページ、図1の「崖の変容」参照）。

駅前の池上道の両側に並ぶ店舗は、だからその西側は崖を背にし、東側は崖際に建っていることになる。街中でも「ゲリラ豪雨と土砂災害」の不安が高まるなか、こうした古い急斜面の要所を、最近は区役所の係員が見て回っているといいます。

大森駅前（山王口）は約一〇メートルの崖に面している。その崖下の池上道の標高が約一一メートルだから、崖上は標高二一メートル。これは確かに天祖神社脇の三差路の水準測量データ（二一・四メートル）とも一致します。そうしてJR京浜東北線および東海道本線の線路敷下の沖積地は標高二～三メートルだから、都合約一八メートルの崖が、かつ

写真４　大森駅前の崖（撮影：吉田みのり）

右上　正面は大森駅山王口タクシー乗場。現在ここより上は通行禁止になっている（57ページ、図2-①）

左上　天祖神社南側の、旧「馬込文士村」へ向かう石段（57ページ、図2-②）。上と下では約10mの比高がある

下　駅前の池上道を闇坂方面に下る途中に、右手に見える階段崖（57ページ、図2-③）

てここに存在したことになります。歌川広重の浮世絵（59ページ、図3）でも、崖は確かにそれくらいの高さがあるように見える。

さて、鉄道は段丘（荏原台《えばらだい》）崖下を、それに沿うように走っています。けれどももっと古くからあった池上道（今はその一部を八景坂と呼ぶ）は、大森駅の南で約一〇度の角度で鉄道線から西に逸《そ》れる。つまりその狭角度で、崖に沿いながらもじわじわと斜面（崖）を這いのぼっていました（57ページ、図1・図2）。そういう道が自然に出来るわけはないから、今では名も知れぬ誰かが崖側面を削る工事を行い、道をつけていたわけです。

これを「横の坂」とすれば、崖線にほぼ直角に切り込む「竪《たて》の坂」の代表が、大森駅西口南から上る「闇坂《くらやみざか》」（写真5）。現在では南側からへアピンカーブで迂回《うかい》して崖を切り通していますが、元来は少し北側から崖を直登し、段丘面で尾根道に変身してやがて谷に下る経路で、今も旧路の小さな階段が残されています。この切り通し工事は、明治も二十年代以降に施工されたと思われます。

「駅前八景」の外装を取り外してしまえば、そこに現れたのは比高一八メートルの駅前崖でした。山王口のすぐ北、大森駅ホームと池上道の間、石段を三～六メートル下ったところ（階段が三ヵ所にあり、それぞれ高さが異なる）には「山王小路飲食店街」の小さな店が庇をならべ、「昭和飲み屋街」の名残をとどめ（写真6）、別名「地獄谷」と呼ばれています。しかし、一〇〇メートルほどの「小路」が立地する地表の、フェンスをへだてて大森駅ホームとほぼ変わらない高さは、そこが谷底ではなくて斜面の一部であることを語っているのです（本物の「地獄谷」については184ページ参照）。

写真５　闇坂
闇（くらやみ）坂、ないし暗闇坂と名の付いた場所は都内に数ヵ所ある。山王の闇坂は明治初期までは段丘面の杉林の間を通る小径であったが、明治末期には切通し坂に変わっていた（撮影：吉田みのり）

写真６　山王小路飲食店街
駅前通り（池上道）からさらに数ｍ下にあり、別称「地獄谷」という（撮影：吉田みのり）

第5章

崖から湧き水物語

——御茶ノ水——

人の手によってつくりだされた渓谷《けいこく》の両岸は、江戸時代はむき出しの赤い土の谷壁と点在する緑に彩《いろど》られていた。そこは江戸の絵師たちを惹《ひ》きつけた「名所」であった。

お茶の水橋上からみた神田川の上流方面

カシミール3Dを用い、石川初氏の「5mメッシュ東京スペシャル」のパレット設定を使用して作製。国土地理院発行の「数値地図5mメッシュ（標高）」を使用した

人間が切り通した神田川の流路

長い舌の形を呈している本郷台地の先端が掘り割られたのは、江戸時代初期の元和2（1616）年と伝えられる。左端中央から下る平川（後の神田川）は小石川と合流し、往時は広い「小石川の大沼」をかたちづくっていた

カシミール３Ｄを用いて作製。標高は10倍強調している。この背景データ地図等データは、国土地理院の電子国土Webシステムから配信されたものである

御茶ノ水

ＪＲ中央線御茶ノ水駅の四ツ谷寄り改札口を出ると、すぐ右手は神田川に架かるお茶の水橋。

「おちゃのみず」は記載の仕方もまちまちで、ＪＲの駅は「御茶ノ水」、橋の名前は「お茶の水」。お茶の水女子大学も平仮名派です（もっとも同大は昭和七＝一九三二年に、お茶の水から地下鉄丸ノ内線茗荷谷駅近くに引っ越したので、此処には不在）。

漢字だけを用いて書くなら「御茶水」ですが、こうした記載はほとんど存在しません。はじめて読む身にとっては「オチャスイ」だか「オチャノミズ」だか迷ってしまいますから、仮名入りは宜《うべ》なるかな。「御茶」と「水」の間に「ノ」を入れてはっきりさせたわけですね。

赤壁

「御茶ノ水」の名は江戸時代に遡りますが、地名としては単なる俗称（行政地名としては存在しない）で、しかも神田川の北沿いを漠然と指したもの。しかしながらその由緒は正しく、二代将軍徳川秀忠の時代に行われた掘割工事で出来《しゅつたい》した清水が、将軍の茶立て専用水とされたことによるのです。ちなみにその工事は元和六（一六二〇）年に伊達政宗が担当させられたもので、大手門造営と併せて黄金二六〇〇枚以上を費やしたと記録にある由。外様《とざま》はしぼり上げられたのですね。将軍専用に「御」を付けられた湧水でしたが、後の堀（神田川）幅拡張工事で失われ、いまではその跡は何ひとつ残らない。しかも江戸時代も初期。いまから約四〇〇年も昔の話で、とりわけ江戸初期の記録はほとんど残されてはいな

写真１　中国古戦場の赤壁
「文化遺産」の岩面に、ペンキで大きく「赤壁」とある

い。

ところが「御茶ノ水」が記録されている唯一の古地図があって、それを見ると堀川沿いの町屋裏に二ヵ所の湧水口があったのですね（70ページ、図1）。このあたりは神田山、駿河台ともいわれた台地の尾根筋で（第７章参照）、現在でも標高二〇メートルほど。そこはかつて一万坪を擁したといわれる高林寺の敷地でした。寺は後に移転させられ、現在では文京区向丘二丁目に所在します。

いずれにしても神田川谷は大規模に造営された人工水路で、その目的は水害に対処する放水路であると同時に防衛施設（外濠）でもあり、さらには江戸城下最奥の飯田河岸や神楽河岸に向かう物流の幹線でした。その船から見上げれば、両岸はまさに「キリギシ（切り立った崖）」。

ところで、二〇〇八年と二〇〇九年に公開され

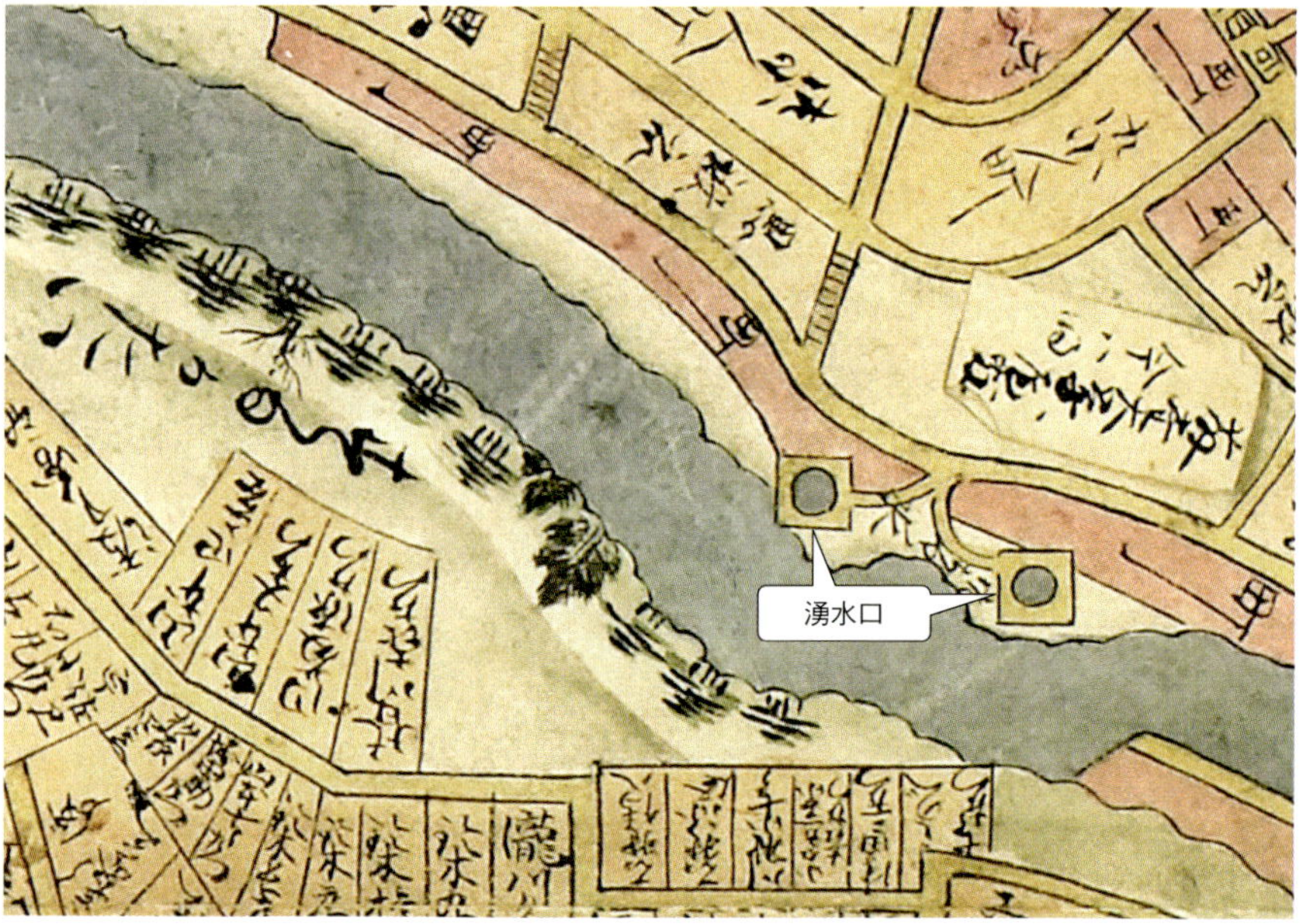

図1　「御茶ノ水」が描かれた唯一の古地図（公益財団法人三井文庫所蔵資料）

『明暦江戸大絵図』よりお茶の水付近。右手に2ヵ所の湧水口が描かれ、その間に「御茶ノ水」と文字がある。中央は開削された神田川。左手に「するかたい」（駿河台）とある

た、製作費一〇〇億円という大作映画「レッドクリフ」（原題「赤壁」）は、日本でも結構好評だったようですが、唐物（からもの・とうぶつ）好きの江戸の文人たちも、御茶ノ水を「小赤壁」と洒落《しゃれ》て遊んでいたようです。お茶の水橋際交番に立つ「お茶の水碑」は「茗渓又小赤壁と称して文人墨客が風流を楽しむ景勝の地であった」と記載しています。

「赤崖」とは言わず「小赤壁」とは儒教本家への尊敬と遠慮が同居したような表現ですが、御茶ノ水はそう呼ぶにふさわしいかもしれない。現在ではコンクリート護岸に姿を変えたかつての神田川両岸は、赤いキリギシだったからです。その赤は、未固結の火山灰（関東ローム）が含む鉄分の酸化によるもので、つまり赤土の壁でした。これに対して、元祖「赤壁」（69ページ、写真1）は写真で見る限り岩の崖にみえる。

図２　『江戸図屏風』にみえる誇張された崖（80ページ参照）
左隻第５扇から、「目黒辺鳥狩」の場面。上半身が傘に隠されているが、崖縁で獲物の雉子を前に将几に腰を下ろしているのは、３代将軍家光と思われる。『江戸図屏風』（平凡社、1971年）より

江戸の崖絵

江戸時代の書きものには「崖」という言葉自体が忌言葉《いみことば》であったのではないかと思わせるほど、地形を指した「崖」の字は稀《まれ》なのですが、反対に中国山水画の影響らしく、絵画の世界では崖は恰好の題材というか描きものでした。ただ残念ながら、日本列島は中国ほどの奇岩、奇峰（黄山《こうざん》や桂林《けいりん》などが有名）に恵まれているわけではない。江戸絵画に描かれた崖は、おしなべて比高や傾斜そしてその形状までが大きく誇張されているのです。

まずは長谷川雪旦《せったん》描く『江戸名所図会』（前編は天保五＝一八三四年刊。後編は同七年刊）を開いてみましょう。なんといっても当時としては真に迫った描画（73ページ、図3）。口の悪い滝沢馬琴《ばきん》さえ「この画工雪旦は、予も一面識あれども、かかる細

画はいまだ観ざりき」（『異聞雑稿《いぶんざつこう》』）と誉めたといわれるほどの人気で、後々の絵の規範となったくらいです。この『江戸名所図会』にも天保年間当時の「御茶の水」の崖が描かれている。

図3の左手にそびえるのは念の入った二段構えの崖で、さらに中程はオーバーハングのでこっ八。

さて、雪旦の描く御茶ノ水ですが、彼はどの位置にこの構図の視点を置いたのでしょうか。その手がかりとなるのは、画面中央に見える「神田上水《かんだじょうすい》懸《かけ》樋《ひ》」です。

これは当時の重要な上水道施設で、いまのＪＲ水道橋駅と御茶ノ水駅の間の水道橋駅寄りに架かっていました（写真2）。雪旦の『江戸名所図会』から推定するに、その視点は、いまの神田上水懸樋跡地から一五〇メートルほど下流、つまり御茶ノ水寄りのあたりと思われます。

神田上水懸樋跡地は、現在の標高で約一〇メートルのところ。一方、神田川の現在の川底から川岸までの比高は約六・五メートル。すべてがコンクリート護岸されて切り立っているから、直立した六・五メートルのキリギシがあることになる。ちなみに、さらに下流、順天堂大学と池の坊お茶の水学院にはさまれた一帯は、標高二〇メートル前後の尾根筋でした。しかし往時の崖は、赤土の崖。開削された土のキリギシは、流水が侵食しやすい。逆に植生によって保護される岸上の面は侵食されにくく、そのため細く深く開削された水路では、地表面のオーバーハングは確かに出来やすかったのです。

例えば玉川上水などでは、上から見るよりも上水路の内洞（川岸内側の、流水に削り取られた部分）は広く、水流の勢いもあったため、いったん水に入ると容易には岸に上がれない「人食い川」でした。

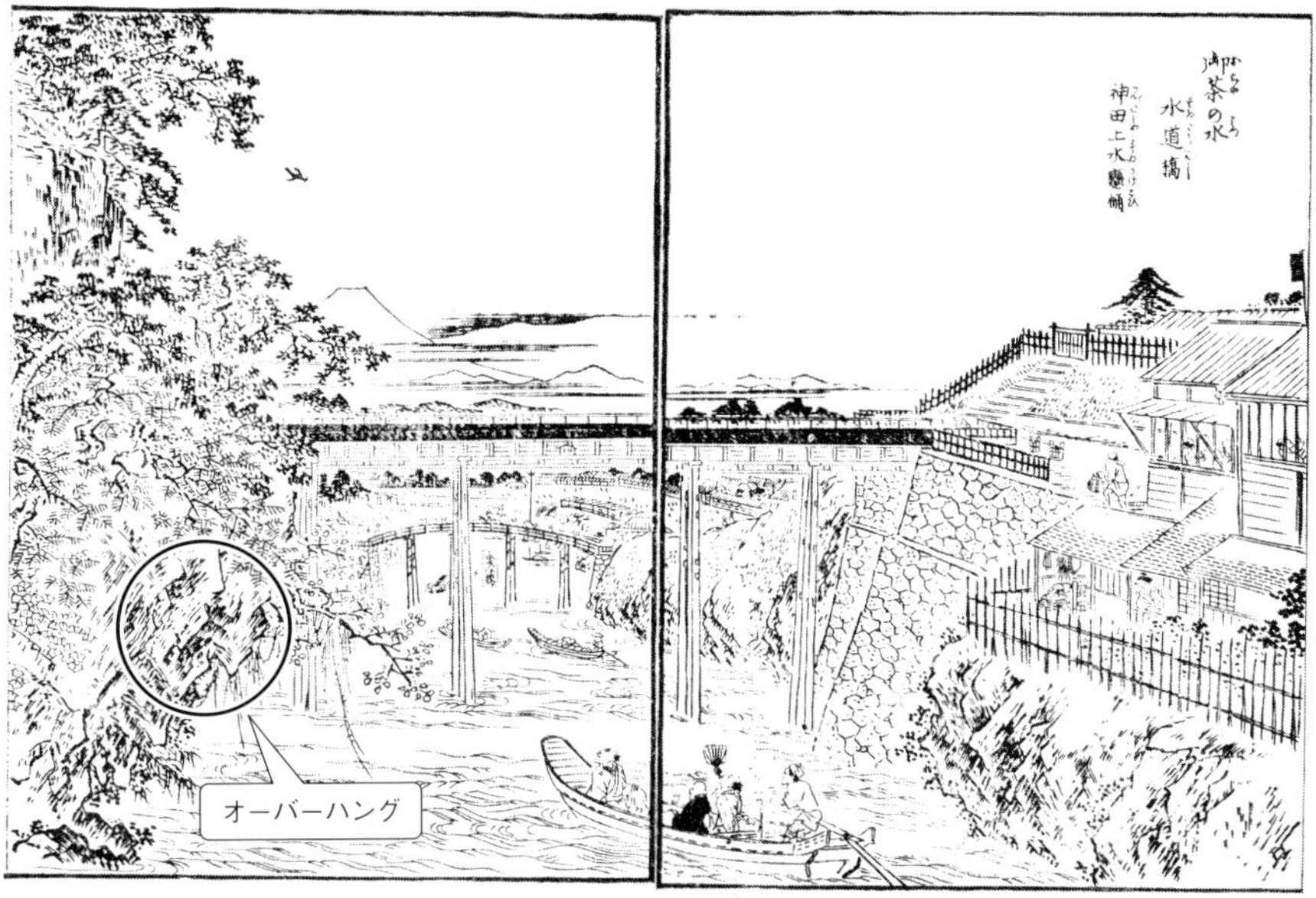

図３　長谷川雪旦が描く御茶の水（『江戸名所図会』）

船中の客人は扇子ならぬ団扇をかざし、富士山か空飛ぶ鳥かを見上げている。ここに描かれた崖は、どう見ても岩壁の相。中央をまっすぐ渡しているのは、現在のＪＲ水道橋駅と御茶ノ水駅間の、水道橋駅寄りに架かっていた自然流下のウォーター・サプライ施設である「神田上水懸樋」

写真２　神田上水懸樋跡から対岸の神田駿河台を望む

文京区本郷１丁目にある都立工芸高校南の神田川左岸には「神田上水懸樋（掛樋）跡」の碑がある。懸樋は、サイフォンの原理を応用して上水を対岸に渡していたという（77ページ、写真３参照）

しかし神田上水のこのあたりは、通船の要もあって幅広く開削されているため、玉川上水のようなオーバーハングにはなりにくい。加えて、雪旦の図にみるキリギシは、上面どころから中途からオーバーハングしていますから、逆相ですね。壁面が岩盤でなければあり得ない構図です。

富士は見える？

こうしたことは、江戸期の絵画、とりわけ「名所図会」を今日的観点から鑑賞する際、忘れてはならない要点でしょう。こうなると「（関東平野）どこでも富士山」、つまり昨今流行の「江戸の都市景観」言説も疑ったほうがよい。図にあるように、この場所で、この方角に、富士山は本当に見えるのか。

作家の杉本苑子さんに『東京の中の江戸名所図会』（一九七五年）という本があって、それは原図と現代のモノクロ写真を配したエッセイですが、そのなかでこの雪旦の図について次のように書いています。

目を図版にもどすと、遠山のかなたに富士山も見える。けっして絵そらごとでも、絵師のサービスでもない。当時の江戸は高層建築がなく、空気が澄んでいたせいか、どこに立ってもくっきりと、富士の山容をながめることができたのだ。／ことにここ、お茶の水あたりからの眺望は、すばらしかった。

確かに駿河台は、遮《さえぎ》るものがなく、空気さえ澄んでいれば富士山がはっきりと見える眺望の地として有名でした。しかし、御茶ノ水が富士見の場所として知られた名所であった（一般性）からといって、雪旦の御茶の水図が「真景」として成立しうる（個

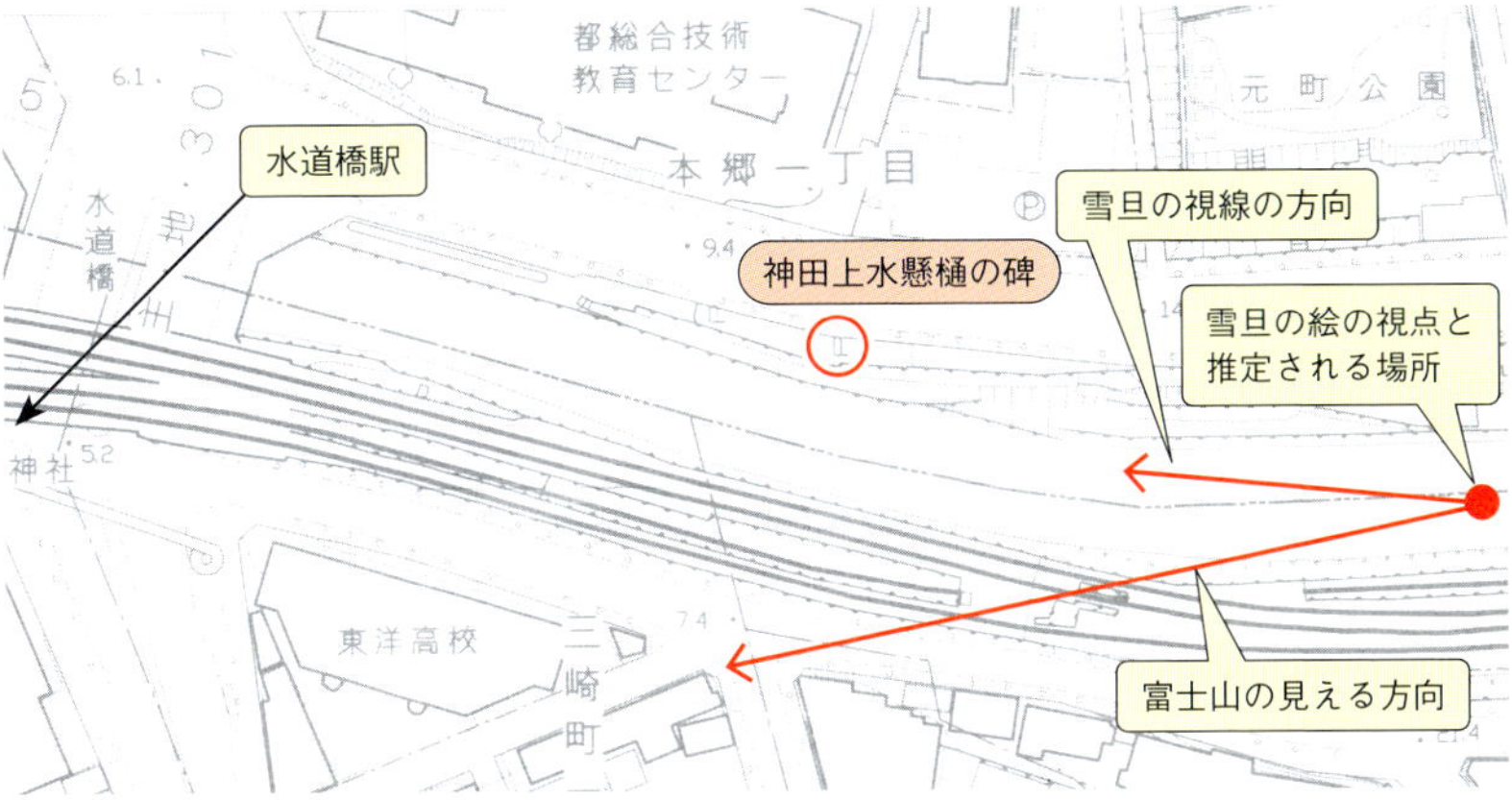

図４　神田上水懸樋付近の現在図

図中央、神田川左岸に碑の記号が２つあるが、その右側のものが神田上水懸樋の碑で、懸樋はそこから対岸に架設されていた。『江戸名所図会』の視点は、この図の右端の川中にある（1：2500東京都地形図「北の丸公園」平成16年修正図の一部を80％に縮小）

図５　推定される雪旦の視点から見える遠景。富士山はどこにも見えない

（３Ｄ地図作製ソフト、カシミール３Ｄを用いて作ったCG）

別妥当性）とは限りません。

73ページの図3をあらためて見てみると、左岸と右岸ではキリギシの高さが相当に違うけれども、絵の作者の視点は谷の中ほど、神田上水懸樋とほぼ同じ位置におかれている。75ページの図4では神田川の水路の方角は、この視点から上流（73ページ、図3の奥）側にある現在の水道橋まで、真西から北に約一五度振れた角度で約一八〇メートルほどつづいています。逆に、富士山は真西から南方向に約二〇度寄った角度に位置している。ということは、雪旦の絵の中心から左側へ約三五度の方向に富士が存在することになる。こうした情報を頭に入れて、雪旦の絵（図3）を見直してみましょう。神田川右岸（絵では左側）の「キリギシ」は作者の視点のすぐ南側の視覚を遮ってそびえています。

仮に、右岸の崖高がこのまま変わらずに西につづくとすれば、この地点から富士山を見ることは絶対にありえない。ただし、崖の高さは水道橋方面に向かって急激に下がっているから、視点を「懸樋」の先に移動させれば富士山が見えた可能性はある。しかしそれでは雪旦の構図は成立しなくなる。やはり雪旦の描いた富士山が実景にもとづいていたとみるのは難しいでしょう（75ページ、図5）。

架空の視点

水上の船から富士山が見えたかということになると、それはもっと難しくなる。船中の人々が一斉に上を向いたりしているように描かれているけれども、その視線の先も妙なもので、とって付けたようにみえます。御茶ノ水は富士見の名所であると同時に、時鳥《ほととぎす》の名所ともされていて、高く飛んでいる一羽の鳥はそれを表しているのです。

写真３　神田川の古写真

明治初期の神田川。写真奥にみえるのが神田上水懸樋（『写真で見る江戸東京』から）

注意すべきは川の水面から岸までの高さ（岸高）で、江戸時代と現代で相当の差があるという点。川底の低下や洪水対策による掘り下げも計算に入れておかなければならない。明治初期の古写真（写真３）を参照すると、両岸の傾斜はだいぶゆるく、また岸高も神田上水懸樋も、雪旦の名所絵よりはだいぶ低い。ただし、水量は現在より相当豊かにみえる。明治初期のこのあたりの様相は、江戸時代と大差ありませんから、江戸時代「名所絵」の誇張の程度がわかるというものです。

もし雪旦名所絵の構図を真似て、この写真のなかに視点をおいてみれば、富士山はすくなくとも樹木に遮られ、『江戸名所図会』のように都合よくは見えない。

文京ふるさと歴史館が平成一二年に行った特別展「版になった風景――文京名所案内」の、同名の図録には、神田上水懸樋が描かれた江戸時代から明治時代にかけての版画約三〇点がカラーで掲載されています。そのなかで富士を描きこんだものは一二点。三〇点のなかには西方向ではなく、水道橋側から東側を描いたと思われる三点も含まれていますが、それにしても富士が描かれたのは半数以下。

日本では大和絵のように、上空から俯瞰した構図を伝統にもっていたとはいえ、描写の視点と構図枠を客観的に設定する方法論がきわめられたわけではありません。また実際写生するにしても、幽霊でもなければ、谷の中や空中に視座を置けるわけはなかったのですから、御茶ノ水渓谷から描かれた富士山は、江戸の名所の「お約束」ごとに従って組み立てられた「鳥瞰図」の一種と考えるべきなのです。

実は神田上水懸樋のかかる神田川両岸の間に富士を据えた構図の嚆矢《こうし》は、司馬《しば》江漢《こうかん》の『御茶水景図』(天明四＝一七八四年)でした(図6)。銅版画に彩色を施したものですが、そもそもは反射式で単眼の「眼鏡絵《めがねえ》」と呼ばれた覗きからくりとして描かれたもの。つまり、透視遠近法のビックリ装置のための絵だったのですね。その遠近法の消失点である図の中央に富士が配されていますが、描者の視点は谷中ではなく岸の土手の上です。これに対して雪旦の創意は、描写の視点をあえて架空の谷中に置いて懸樋を強調し、水道橋の真中に入れてパースペクティブをつくり出した点にありました。それは『東都御茶之水風景』(図7)などの浮世絵風景画に引き継がれ、後期江戸の人々の景観イメージの規範となったのです。

彼我《ひが》遠近《えんきん》のスペクタクルを得るためにこそ、架空の視点と構図は必要とされたのでした。

図6　司馬江漢の『御茶水景図』

司馬江漢の銅版筆彩画。図の中央奥に富士。高低差は抑制され、逆に扁平《へんぺい》になっている。ただし土手上からなら富士が見えるのに不自然はない。眼鏡絵であるため、左右が反転している

図7　『東都御茶之水風景』

昇亭北寿の浮世絵。北斎の門人だった北寿は寛政から文政期にかけて活躍した。北寿の代表作。架空の位置に視点を据え、地形が極端に誇張されている

コラム⑧ 『江戸名所図会』にみえる国府台の崖

江戸時代の記録や文書に実際の地形を示す「崖」の字が登場することは滅多にないと書いた（71ページ）が、『江戸名所図会』には、それが絵と文字のセットで出てくる場面がひとつだけある。題して「国府台《こうのだい》断岸之図」（図8）。絵では「断岸」に「たんかん（だんがん）」と読み仮名を付すも、本文中では「鐘《かね》が淵《ふち》」の項で「きりきし（きりぎし）」とルビを振っている。

場所は、現在の千葉県市川市。図の中央右下に小さく「と子《ね》川」とあるけれど、これは現在の江戸川のこと。右手奥の連山遠景は房総の山々か丹沢山系か判断に迷うが、左に「総寧寺晩眺《そうねいじばんちょう》」と題した「（服部）南郭」の詩を掲げているから、現在の国府台の里見公園裏手にある総寧寺辺とその下の江戸川を、北西側から望んだ景図として間違いない。

それにしてもこの断崖図はほとんど漫画で、崖端で滑稽な仕草をみせている「崖覗きと押え」のペアは『東海道中膝栗毛《とうかいどうちゅうひざくりげ》』弥次郎兵衛《やじろべえ》と喜多八《きたはち》のコンビを思わせる。そうして、この図の崖はオーバーハングというより極端なせり出しで、ちょっとした地震や、地震と雨水の複合があれば、すぐにも崩落の態。

こうした構図の背景には江戸期の山岳仏教、いわゆる修験道の隆盛があり、奈良県南部、今日なお女人禁制の大峯山での「覗き」の修行をなぞったものと思われ、その変型例は『江戸図屏風』（71ページ、図2）にもみることができる。けれども、大の男が悲鳴を上げるというその修行場（現・吉野熊野国立公園）の地質は、中生代の変成岩などの硬い岩から成り、未固結土壌でできた国府台とは、地質条件が全く異なる。

標高が二〇メートル以上あっても国府台の崖は容易に侵食され、崩落する。オーバーハングが形成されても不安定な地質で、ましてこの絵のように逆円錐《えんすい》の崖端がかたちづくられることはありえない。江戸中期の

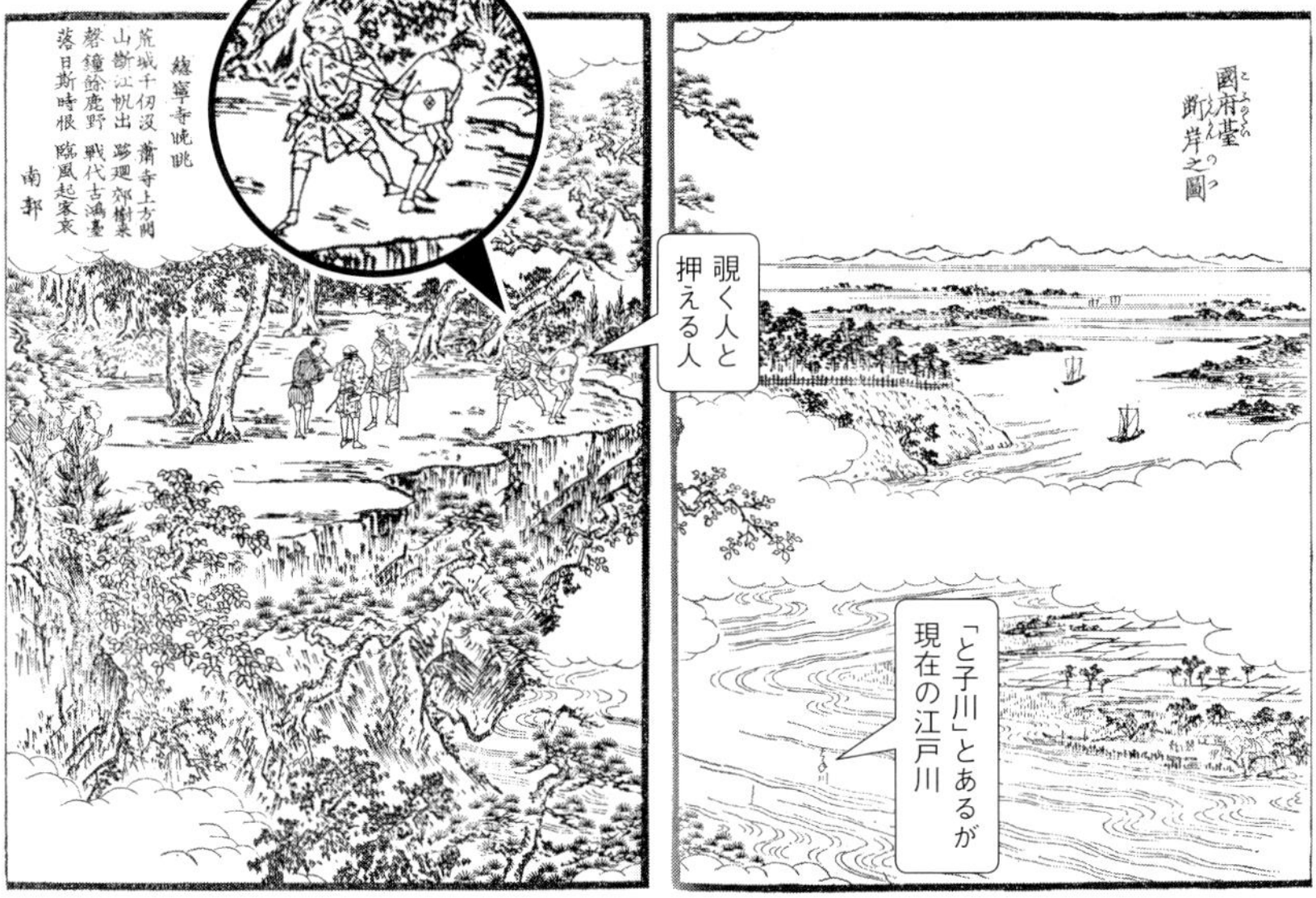

図８　国府台断岸之図

治水と利水を目的として、利根川水系の上流に多くのダムが造られた今日、国府台の段丘崖線は緑で覆われ、図のような断崖をみることはない

明和二（一七六五）年に書かれた中村国香《くにか》の『金ヶさく紀行』は、滝沢馬琴が『南総里見八犬伝』執筆に際して基本資料としたといわれる記録文だけれど、それには国府台のキリギシは赤い粘土で、洪水ごとに崩落し、大変危険なところであると、正確に認識された記述がある。

描かれた崖の物的条件以上に問題なのは、この図柄の「視点」。もし実景に根拠をおいているとすると、標高二〇メートル以上の地点に描写の視点を据えていなければならない。右図一杯に描かれているのは、大河江戸川。「岸」はその左岸（東岸）だから、絵師の視点は江戸川の東岸、現在の里見公園を少し見下ろす、北のやや西寄りの位置におかれているはずである。その位置とは、図からも明らかなように、国府台下下矢《しもや》切《ぎり》の河川敷あるいは流れる河水の上空。絵師の描画の視点は、御茶ノ水の谷中同様、まさしく「架空」に置かれていた。

第6章

崖縁の城・盛土の城

――江戸城――

「江戸以前」の城館は、武蔵野台地東端、日比谷入江を見下ろす崖の上におかれていた。近世江戸城造営の巨大な地形改変は、タイムカプセルのように古い地形を地中に封じ込めていた。

白鳥濠の石垣

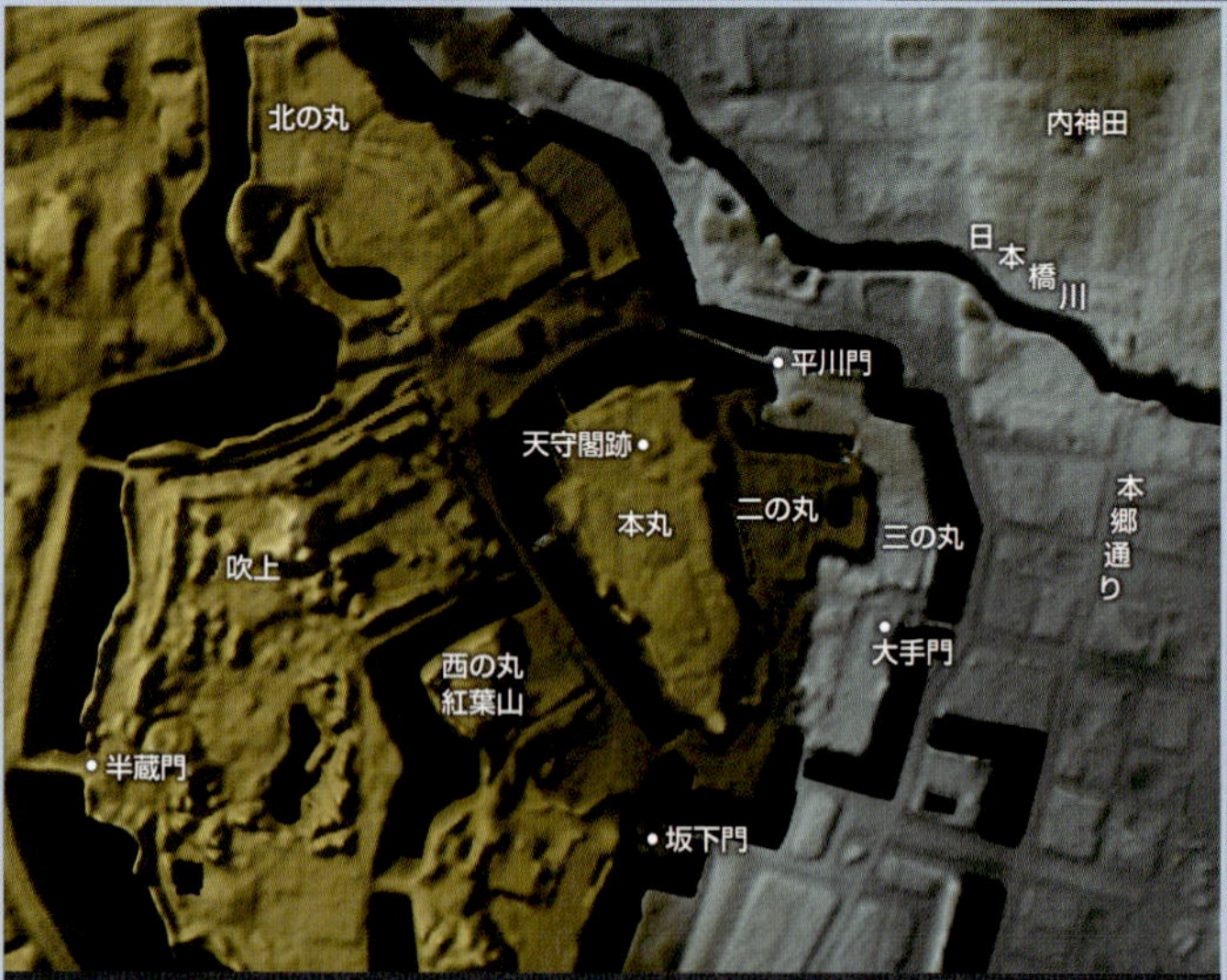

カシミール3Dを用い、石川初氏の「5mメッシュ東京スペシャル」のパレット設定を使用して作製。
国土地理院発行の「数値地図5mメッシュ(標高)」を使用した

近世初期の巨大な地形改造

江戸城の三の丸、二の丸は、江戸初期に土盛された階段状の造成地。日本橋川は本郷台からつづく微高地を開削して東流。古代から中世までの武蔵国の国府は府中であり、この地は武蔵国の東端、下総を睥睨する崖縁だった

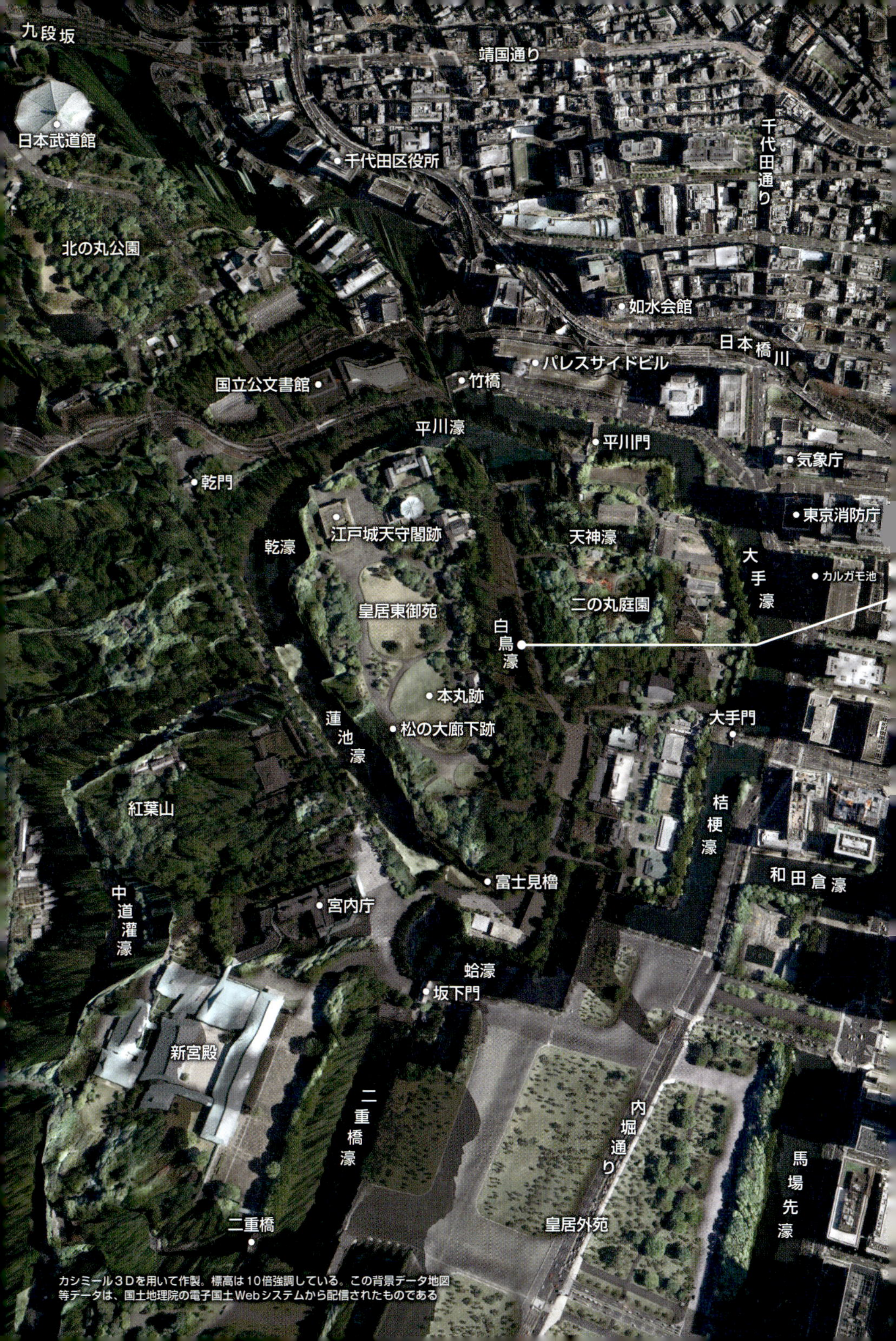

カシミール３Ｄを用いて作製。標高は10倍強調している。この背景データ地図等データは、国土地理院の電子国土Webシステムから配信されたものである

太田道灌の城

竹橋駅から東京国立近代美術館前の紀伊国坂を西に上って約三〇〇メートル、平川濠《ひらかわぼり》と乾濠《いぬいぼり》（三日月濠）をへだてる北桔橋《きたはねばし》を渡って皇宮警察署員がチェックする城門をくぐり、入園票をもらうと、目の前はもう江戸城天守閣跡。残された白茶色の巨大な石垣（高さ一八メートル、標高二九・五九メートル）が圧倒的ボリュームを誇っています（写真1）。

左手は宮内庁書陵部《しょりょうぶ》や楽部《がくぶ》の建物、そのまま進めば大奥《おおおく》跡や「忠臣蔵」で知られる松の大廊下跡。標高二〇メートル、南北六〇〇メートル、東西二〇〇メートルほどの細長いこの台地の南端に位置しているのは富士見櫓《ふじみやぐら》で（83ページ参照）、江戸城唯一の三重櫓。明暦大火で焼失した天守閣に代わって、江戸城のシンボルとされた建物。

この富士見櫓の地は、現在の江戸城完成に先立つこと一八〇年前の長禄元（一四五七）年に、関東管《かん》領《れい》上杉氏の一族、扇谷《おうぎがやつ》上杉家の家宰だった太田資長《すけなが》道灌《どうかん》がつくった城の「静勝軒《じょうしょうけん》」があった場所といわれています。「静勝」とは中国の兵書『尉繚子《うつりょうし》』の「兵は静を以て勝ち、国は専を以て勝つ」に根拠をおく道灌用兵の要諦《モットー》らしく、静勝軒とはその「燕《えん》室《しつ》」つまり宴所《やすらぎどころ》に付けられた名称でした。

そうして道灌の私楼とでもいうべき「静勝軒」の東や南の面には、当時の京都や鎌倉の名僧たちの詩文を彫りこんだ大きな板（詩板）が吊りさげられていたといいます。写し伝えられ、今日に名高い「寄題江戸城静勝軒並序」（蕭庵龍統《しょうあんりゅうとう》）や「静勝軒銘詩並序」（漆桶万里《しつとうばんり》）などがそれで、そこには道灌への賛とともに、当時の江戸城が「塁の高さ十余丈、懸崖峭立《けんがいしょうりつ》」「翠壁丹崖屹然《すいへきたんがいきつぜん》として以て高く峙《そばだ》つ」と

写真１　江戸城天守閣跡

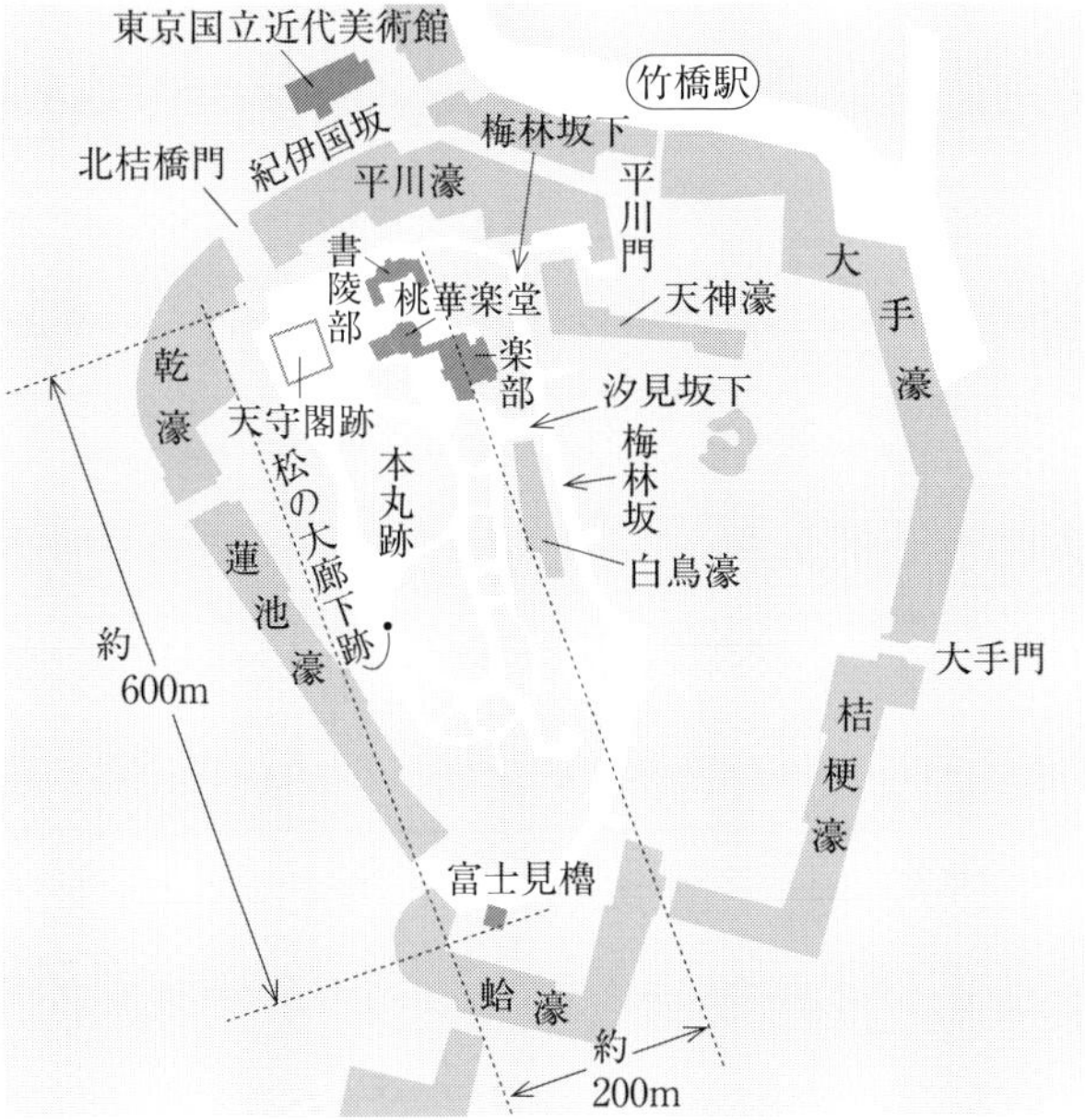

図１　江戸城の崖の追跡図
武蔵野台地の端は、濠で囲まれた範囲の約半分以下にあたる

称揚され、さらに「懸崖千万仞《じん》」「江戸城高くして攀《よ》づべからず」「左盤右紆して聿《つい》に其の塁に升《のぼ》る」とも記載されていました。「白髪三千丈」式の表現は、クライアントである道灌のための作文でしょうが、青緑色（翠）の壁に赤土（丹）の崖と形容される「翠壁丹崖」の句には、関東ローム層の台地端を簡潔に言いあらわしたものとして、注目されます。関東ローム層を主体とした赤土の急斜面と、そこに侵入着床した先駆植物であるマツ類の緑の対比。

　しかし道灌築城のときから二世紀を経ずして、大規模な土木工事を重ねできあがった日本最大の城郭は、まったくの異貌。三の丸から二の丸、本丸と次第に積み上がった構造は、かつて川や谷が注ぐ入江と赤土の崖が色彩の対比をなしてそこにあったとは容易に気づかせない、「平城《ひらじろ》」（平地に築いた城）の構えに変容していたのです。

「山城」だった江戸城

道灌伝説ばかりが残されていて、「江戸」の地の選定に主家扇谷上杉の意向がどれほど働いているのかわからないけれど、この台地の端は平安時代末期、桓武平氏の一族秩父《ちちぶ》重綱《しげつな》の四男重継《しげつぐ》が相続した土地。その一族は、秩父から荒川（当時は入間川）を通して江戸湾まで支配下においていたのですね。重継が後の江戸城本丸あたりに居館をかまえ江戸太郎と称したことも、今日ではよく知られています。

　しかし、浮沈の激しい争乱の時代、江戸氏は自ら衰退のゆえか、道灌に追われたためかわからないけれど、江戸の地と名前を放棄して、本拠地を喜多見《きたみ》（世田谷区）に転じてしまうのです。

　ともかくも戦国時代半ばまでは、城や城館は「山《やま》城《じろ》」が基本。要衝《ようしょう》を睥睨《へいげい》し、守るに堅固な地形がえ

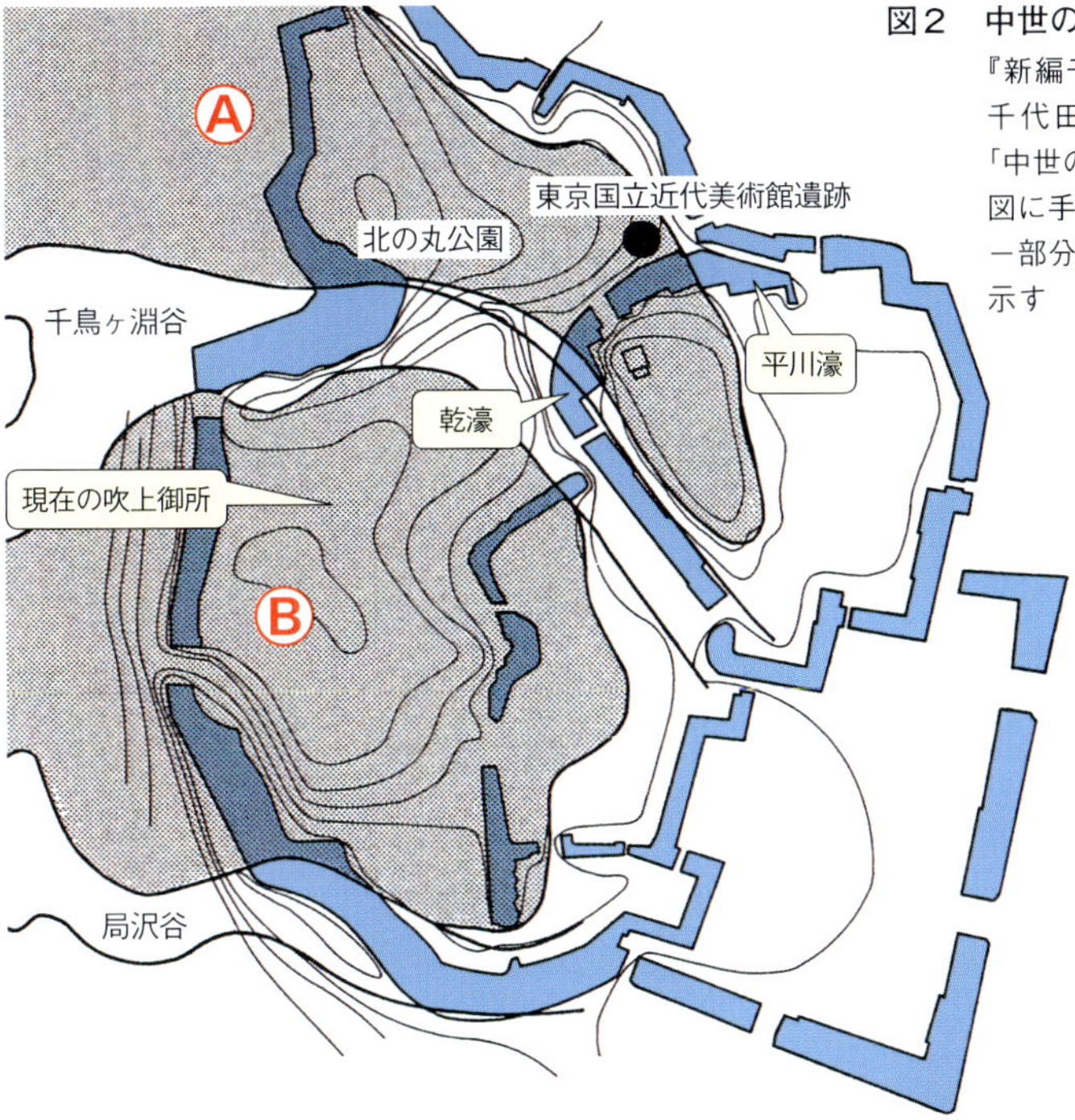

図２　中世の江戸城内の地形復原
『新編千代田区史』（通史編、千代田区発行）224ページ「中世の江戸城内の地形復原」図に手を加えた。ⒶⒷのグレー部分は台地であったことを示す

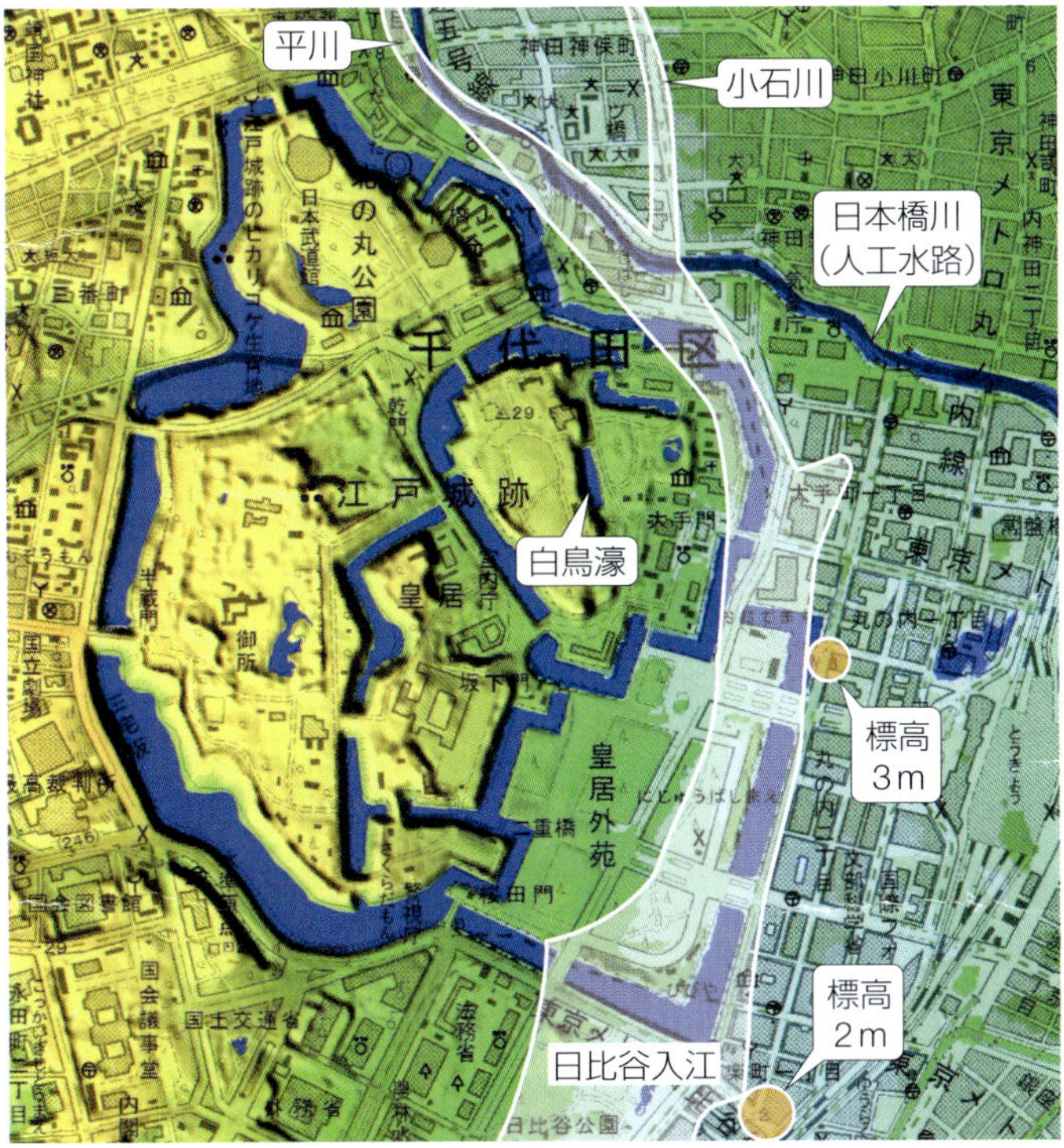

**図３
江戸城とその周辺の微地形**
1：25000デジタル標高地形図「東京都区部」（2006年、国土地理院）の一部をもとに作製。平川、小石川の流路と日比谷入江の形は推定

図４　江戸氏の館の立地想像図
五百沢智也著『新・歩いて見よう東京』（岩波ジュニア新書）の「江戸館をとりまく自然（想像図）」より

らばれました。台地の先端に建つ「山城」のイメージは、たとえば図４によっても鮮やかに得られるでしょう。後を襲った道灌の城も、立地としてはこれと大差ない。つまり崖縁に位置していたのです。

そのことは、道灌がつくったもうひとつの城、赤羽の稲付城《いなつけじょう》跡地（静勝寺《じょうしょうじ》）に立ってみると、よくわかるでしょう（120ページ参照）。道灌時代の城と江戸初期に完成した城の規模の落差に驚くところがあるかも知れませんね。

そのあたりの実際を『新編千代田区史』（通史編、平成一〇年、千代田区発行）224ページの「中世の江戸城内の地形復原」図（87ページ、図２）でみてみましょう。図の左上から延びるⒶの部分は、現在の九段坂上から北の丸公園、そして皇居東御苑に至る細長い台地です。現在の平川濠とその西南の乾濠に隔てられ、南南東につき出したこの舌状台地の先端部分（皇居東御苑西半部）こそ、「江戸館」や「道灌江戸城」の、そして後の「徳川江戸城」の「本丸」でした。

江戸城とその周辺の元の地形の痕跡は、現代のデジタル標高地形図（87ページ、図３）にも見つけられる。つまり微妙な標高差を反映し、ちょっとした色彩の差として、そこに表れているのです。

図3はこれら江戸城周辺の標高差をもとに、江戸の母なる川「平川」や小石川、そして日比谷入江の形を推測して描き入れたものです。

有楽町・日比谷付近は標高二メートル、丸の内一丁目付近でも同三メートルほどだから、縄文海進ピーク時（縄文海進については133ページ参照）には、海の波は台地の裾を洗っていました。地表の凹部としては、江戸期の日比谷入江も平川の谷も一体で、つまりは海面が一三〇メートルも低下していた時代（37ページ参照）に刻まれた一本の谷だったのでしょう。その谷を、縄文海進ピーク時には「海」がさかのぼり、江戸川橋付近までが入江でした（松田磐余『江戸・東京地形学散歩　増補改訂版』150ページ）。海進のピークをすぎて入江は後退したとはいえ江戸氏の館や道灌の城が、「海食崖」の崖縁に立っていたことは間違いないのです。

だから道灌の「築城」時代、城の足元はまだ赤い侵食面を見せていて、腐葉土の不要な植物が多少侵入していた程度のまだ「新鮮な崖」だったのです。

「江戸以前」の崖っぷち

竹橋駅から皇居東御苑に入るには、冒頭で紹介した北桔橋門口よりも近い、平川門口が便利（85ページ、図1）。

寛永年間の銘のある擬宝珠《ぎぼし》（90ページ、写真2）を横目に見ながら平川橋を渡り、天神濠《てんじんぼり》を左に見て梅林坂下に出ます。標高九メートルのこの地点を右に上ると、先ほどの書陵部の建物ですが、ここの標高は一八～二〇メートル。つまり坂下との高低差は一〇メートルになる。

書陵部のほうに上らず、梅林坂下から楽部のほうへ向きを変えて一一〇メートルほど進むと、汐見坂

写真２（上段）
平川橋の擬宝珠
寛永元年の銘がある擬宝珠。時代に直接触れる体験ができる

写真３（中段）
汐見坂下

写真４（下段）
白鳥濠畔の切り立った石垣
中世江戸城の「崖っぷち」がこの石垣の裏に

下に出ます（写真3）。ここより先には、南北一二〇メートルほどの「白鳥濠《はくちょうぼり》」の水面が、石垣を映しています（写真4）。

現在私たちが、道灌時代の「前江戸《プレ》の崖っぷち」をしのぶことができる場所といえば、白鳥濠に屹立し、かつて東方に海を見下ろした関東ローム層の崖を被覆してほぼ南北に連なるこの石垣を、第一に挙げなければならないでしょう。石垣の奥行幅は、約一〇メートル（二五〇〇分の一東京都地形図二九‐一七「皇居」より計測）です。高低差を一〇メートルとみると、一〇対一〇の「一〇割勾配《こうばい》（水平と垂直の長さが同じ値）」となりますから、つまりこの石垣は傾斜角四五度の立派な崖。石垣の石積は今日でも美しく手入れされ、維持されています。

けれどもこの崖下、白鳥濠畔《ほとり》の標高は八・五メートル。かつての日比谷入江に至近の低湿地で標高ゼロに近いはずが、この値と現在の地形で判断するかぎり台地の続きで、本丸跡より一段低い段丘面にすぎません。

標高がこれほど高いのには訳がありました。徳川時代の江戸城は、三の丸から本丸まで一帯を平均一〇メートルほど嵩上《かさあ》げ、つまり盛土《もりど》した巨大地業の上に成立していたのです。

それを示すのが『新編千代田区史』通史編410ページに掲載されている「江戸城内での地層断面想定図」（92ページ、図5）。この断面図をみれば、台地下の沖積層だけでなく、台地端の本丸立地面にも盛土して城地を築いていることが判ります。盛土の主体は、千鳥ヶ淵の谷を隔てて隣接する高位段丘（吹《ふき》上地区《あげ》）のローム層と推定されていますから、吹上台を切り崩したのですね。結局、白鳥濠にそそり立つ石垣は、盛土地業の土留め施設なのでした。つま

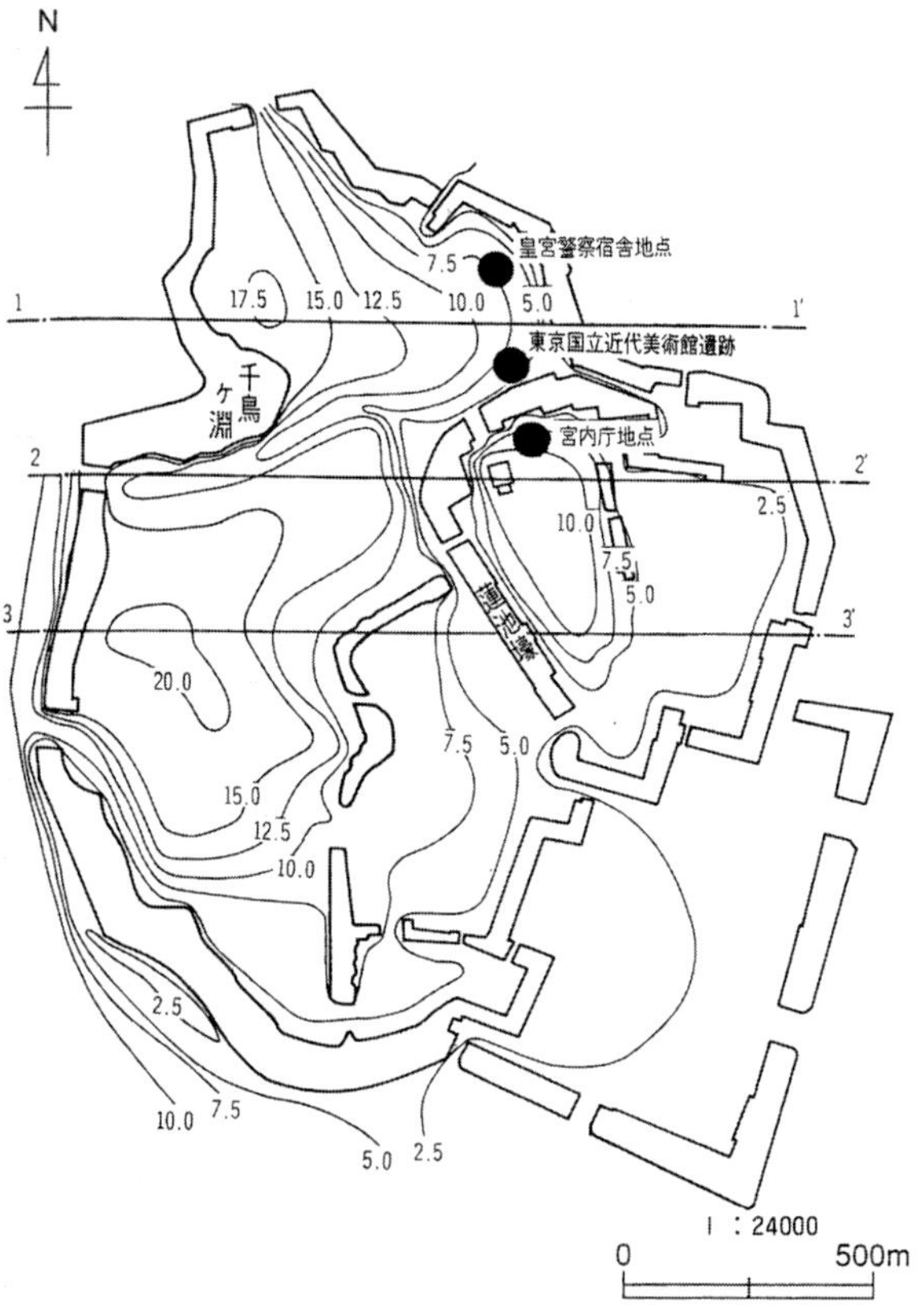

図5
江戸城内での地層断面想定図
『新編千代田区史』通史編410ページより

盛土の部分を取り除いた地形が、原地形と推測される

上図1の線で切り取った断面図

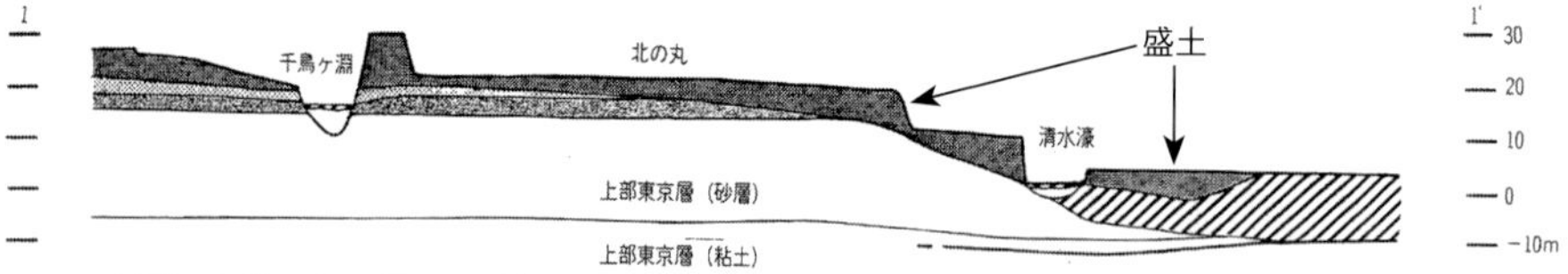

上図2の線で切り取った断面図

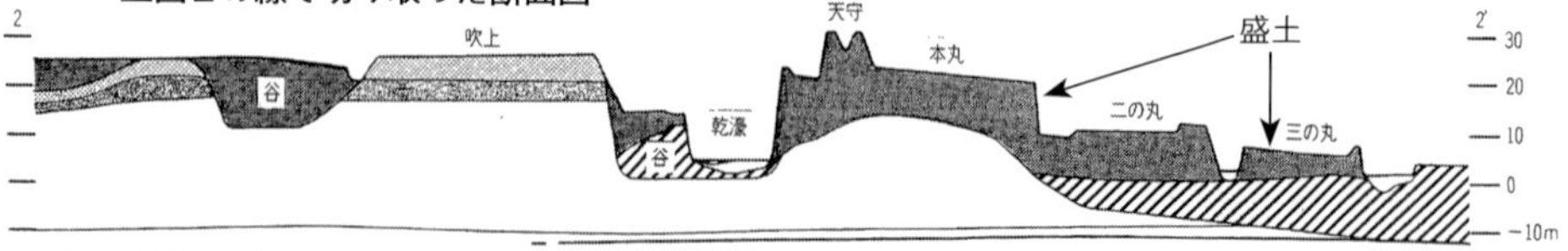

上図3の線で切り取った断面図

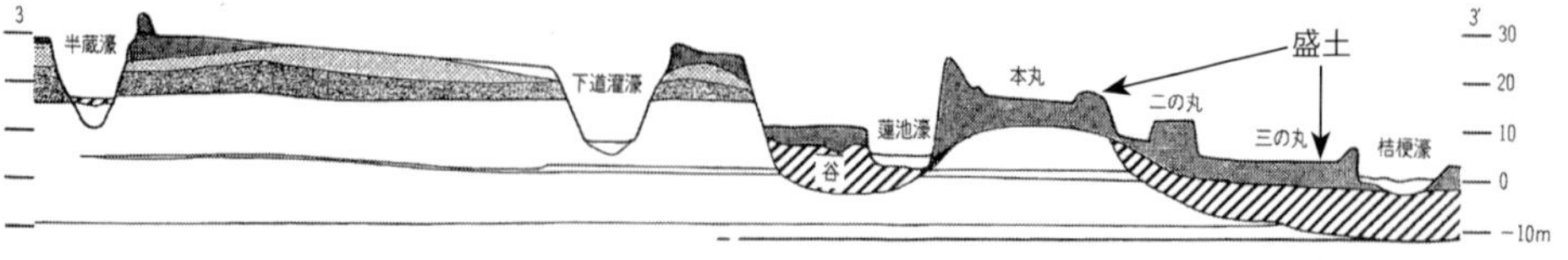

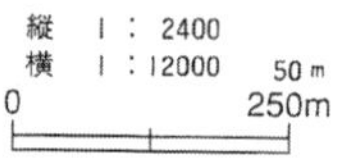

り本来の「汐見坂」と台地端の崖は、この石垣の下にひっそりと眠っているのです。

盛土の崖

高度なテクノロジーと重機器を擁する現代と比較しても、江戸時代初期は、日本の土木史上稀にみる画期でした。城地のみならず大小の運河や上水の開削、埋立てなどに加え、利根川東遷などの巨大工事は、夜を日についで進められました。

こうした土木事業の「元手」の一部は、幕府によって接収され、慶長から寛永年間の間に産出量のピークに達した、石見《いわみ》の「銀」だったのです。

さて、「江戸城内での地層断面想定図」つまり、図５下段の図から、盛土部分を取り除いた形が原地形だったと考えることは可能でしょう。江戸期以前の江戸城の地形は、沖積地から一〇メートルほどの比び上がった丘状の台地の先端部で、隣接の吹上地区はそこからさらに高い段丘。そうであるとすると、先に挙げた「寄題江戸城静勝軒並序」や「静勝軒銘詩並序」などの峻険な山城のごとき表現は、結構割り引いて読まなければならないということになります。

例えば「塁の高さ十余丈、懸崖峭立」の「十余丈」を文字通りとして計算すれば、一丈は一〇尺、一尺は曲尺《かねじゃく》の三〇・三センチだから三〇メートルあまりとなる。崖高三〇メートルであれば確かに大崖《おおがけ》だけれども、実際は一〇メートルほど。話半分ではなく三分の一といったところです。絵画と並び漢字文化の本家からひきついだ表現は「誇張」がお約束でしたし、当時の人々の常識では城は山城が基本だったとみれば、わからないこともない。

しかしながら、三〇メートルあらため一〇メートルでも、崖は立派な崖。図5下の断面図でも、「1の線」よりは、「2」あるいは「3」の線で切り取ったところのほうが傾斜はずっと急でした。だから、「本丸」跡の地形は堡塁としてはたしかに適切な地形だったのです。

切土の城・盛土の城

ところで、図5の三つの「断面図」をよく見較べると、いくつかの疑問が生じます。ひとつは「本丸」にあたる部分には、本来武蔵野台地を覆っているはずの関東ローム層や渋谷粘土層が存在しないこと。ふたつ目は「3の線で切り取った断面図」の右手の沖積層のみが台地端の斜面に這いあがり、その上端はおよそ標高八メートルほどのところに達しているように見えることです。これらの原因が、台地の形成時期の差ないしは台地端の地形侵食といった自然にあるのか、人為つまり江戸氏や太田氏、もしくはその後江戸城主となった北条氏、あるいは徳川氏の築城工事に関わる点なのか、わからないけれど、もし後者であるとすると、江戸時代以降の江戸城は盛土に、前代までの江戸城は切土の上に建設された、という対照が浮かび上がってくるのです。

江戸城敷地の嵩上げ工事と並行して、日比谷入江の埋立てと平川流路の付け替え工事が進行していました。やがて平川は神田川と日本橋川に変貌し、日比谷入江とともに地図の上から消滅し、江戸城は自然の河水や海波による侵食から完全に遮断されることになりました。

しかし、近世江戸城の厖大な盛土や石垣などの土木事業は、タイムカプセルのように古い地形を保存していたのです。

コラム⑨ 平川の流路

近年の考古学の成果を最大限に取り込んで、得るところの多い『新編千代田区史』。この旧版に当たる『千代田区史』上巻（昭和三五年刊）の232ページには、「第一図　古代・中世の江戸図」が掲げられていてる。

都市史研究家の鈴木理生《まさお》氏はこの図を自著『江戸と江戸城　家康入城まで』（昭和五〇年刊）の見返しに掲げたうえで、この図は「編纂委員杉山博と筆者の合作になる図」で、これほど「江戸および江戸城関係者に多数引用された図はほかにあるまい」とし、しかし「補正しなければならない点がある」と書いている（133ページ）。杉山博氏は中世史家、鈴木理生氏は『千代田区史』編纂室主任で、『千代田区史』のなかでは鈴木昌雄という名で登場している。

ところで、本書88ページに掲げた五百沢智也氏の手になる「江戸館をとりまく自然（想像図）」（図4）は、大変わかりやすい図で、表現物としても素晴らしい。しかし惜しむらくは、旧版『千代田区史』「第一図　古代・中世の江戸図」の補正しなければならない点が、そのまま引継がれていることである。

つまり、この五百沢氏の図は、新しい知見に照らし、いくつか訂正すべきところがある。そのひとつは、「江戸の母なる川」ともいうべき「平川」の流路。小石川と合流しつつ流れ下ったそれは、そのまま日比谷入江に注ぐべき（87ページ、図3）ところを、江戸館（江戸城）の北から東に向かい、江戸前島の付け根を横切って、隅田川に注ぐように描かれている。

今日では、平川の「東遷」は家康入府後のこととみられ、また赤坂の「溜池」も同時期以降に上水源として貯水池化されたことが定説となっている。

これらを無視あるいは知らずに「江戸以前」を「推定」した地図や絵図は少なくないのである（207ページ参照文献2「平川」参照）。

コラム⑩　「清正がつくった」石垣と崖

土の崖の、侵食による後退速度に急なものがあることは、日暮里の崖や銚子の屏風ヶ浦の崖で述べた通りである。厚い関東ローム層を主体とした、武蔵野台地の表層土壌は、ともかく侵食されやすい。それが崖ならば、崩壊は繰り返される。近世江戸城の基盤は、その侵食されやすい未固結のローム層を掘り取って運び、「盛土《もりど》」としていた。

この「盛土」の対《つい》になる言葉は「切土《きりど》」。平坦にするために「盛土」された土地は崩壊しやすく、家を建てるなら本来の地形をよく調べ、せめて「切土」の上とするのが常識。江戸城の場合、その盛土する素材がローム層を掘り崩した土だから、脆《もろ》さにおいてはこの上ない条件がそろっていた。

盛土をある程度固密させるには「転圧」（ローリング・コンパクション）を加える。現在では重量のあるローラーカーか手動の振動機、かつては「失対」（これも死語だろうか？　「失業対策事業」の略）のヨイトマケ（地ならし）が転圧というか地ならし風景の代表だった。古代から近世までの土壁や土壇には、一般に「版築《ばんちく》」といわれる、大陸から伝わった土木技法が用いられていた。

ところで、城づくりの名手として知られる加藤清正にまつわる伝説がいくつか残されているが、そのひとつは日比谷の石垣造営を安芸《あき》広島藩浅野家とジョイント施工するにあたり、浅野側が早々に仕上げて褒められたのを尻目に、敷地に蘆《あし》や茅《かや》を敷き、土砂を被《かぶ》せて子どもたちを遊ばせた後、期限すれすれに完成させ、笑われたという逸話。これには後日談がセットで、完成翌年の慶長一九（一六一四）年の大雨で、浅野の石垣だけが基盤から崩れ、あらためて清正の見識が話題となったという。正しくは清正の子、忠広の代のこととされるが（『麴町区史』一九三五年刊）、「子どもたち」と「遊び」というところに伝説のミステリアス風味が効いている。要は、土地の乾燥と築き立てに許される限りの時間をかけたということ。ましてそこがかつての日比谷入江であれば、なおさらだった。

江戸城本体においても、土留めの石垣基盤には念を入れた施工があったと考えられるが、盛土そのものについてはどうだったか。もし単に土積みされたままであれば、たとえ土壌流出がおきなくとも、時間の経過とともに、沈下はいたるところで出来《しゆつたい》しただろう。だから当然ながら盛土上から念入りな突き固め作業が加えられたと考えてよい。

ちなみに、近世江戸城の石垣が崩壊するほどの地震は寛永五年、同七年、正保四年、慶安二年、元禄一六年、宝永三年、安政二年の七回を数え、そのうち最大のものは元禄一六（一七〇三）年の地震。震源は房総半島南端沖合約二五キロメートル、推定マグニチュード八・二。平川口から入った梅林坂の石垣が崩壊したという。

近世版築も、普請担当藩の施工技術を競った石垣も、当然ながら自然の力の前には決して安泰ではない。ただし、最大の近世城郭である江戸城が「皇城」（戦後は皇居と改称）であるかぎり、石垣の維持修築費に当面不安はないというべきだろう。

石垣は、保護被覆であると同時に化粧面であるけれど、それはあくまで「崖」の一部。そうして、たとえ硬質の岩盤台地といえども、自然の営力と時の力の前に立たされれば、その姿をいかほどに誇ることもできない。

そのもっとも著しい例は、ヨーロッパの最果て、アイルランドはアラン諸島の一角にあるイニシュモア島のドン・エンガス（Dún Aonghasa）の崖。岩崖上の、真っ二つに断ち落とされた四重の石垣遺構が、自然の営力をこの上なく物語る。

第7章

切り崩された「山」の行方
——神田山——

神田山の山裾《すそ》をまいて通る弓なり道、男坂《おとこざか》・女坂《おんなざか》の急階段を擁する「駿河台の大崖」、ニコライ堂下の崖など、水道橋―御茶ノ水間は地形探索の好フィールド。

住友不動産ビルのポケットパーク

右手奥につづくコンクリートの壁は、崖を覆っている擁壁である。駿河台をつらぬく比高8.5mの人工の崖は、姿を変えながら700mほどつづき、その東端はニコライ堂下歩道際の石垣（113ページ、写真9）に至る

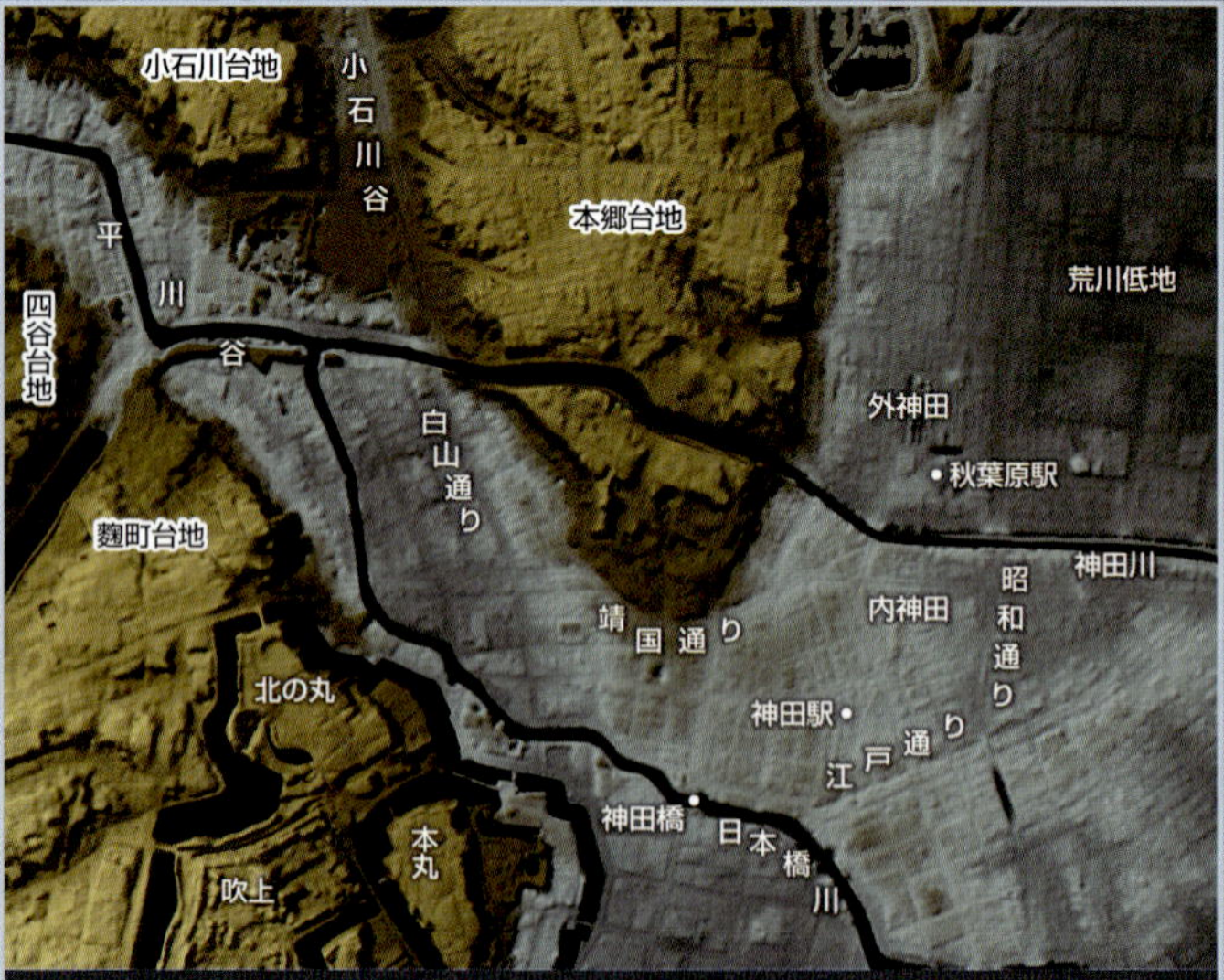

カシミール3Dを用い、石川初氏の「5mメッシュ東京スペシャル」のパレット設定を使用して作製。
国土地理院発行の「数値地図5mメッシュ（標高）」を使用した

不自然なかたちの本郷台地南端部

神田山（神田台とも）とは本郷台地先端部の称で、靖国通りはその裾をまいて通る。台地南端部は西側がえぐられ、その東は幾通りかに削平されている。舌状台地の先端部の変形は大規模な侵食と人工地形改変の跡

カシミール3Dを用いて作製。標高は10倍強調している。この背景データ地図等データは、国土地理院の電子国土Webシステムから配信されたものである

神田山と日比谷入江

「日比谷が入江だった」有様を「現場」で垣間見たい人には、内幸町の帝国ホテルがお奨めです。

日没後、一七階のカフェの窓際の席に腰を下ろせば、眼下に都心のライトのきらめきを遁《のが》れたエリアが横たわる。目前の日比谷公園から右手（北側）の内濠、その先の皇居外苑までが闇に沈んでいるのです。これこそ、平川河口から日比谷入江の幻視体験にほかなりません。

大手町一丁目のあたりは海の先端、つまり日比谷入江に注ぐ平川河口の汽水地帯（海水と淡水が混じり合う水域）といわれています。

いずれにしても江戸時代初期の埋立地。ただ、サンドパイプで海底の砂を吸い上げて埋め立てたわけではないからすぐ「液状化」するわけではない。しかしこの広大な面積を、おもに人力に依存した近世初期の土木工事において、どのように埋め立てたか、その土は一体どこからもってきたのかは謎であって、「推理」だけが可能なのです。

埋め立てた土はどこから

インターネットで「神田山　切り崩し」と入力、検索すると、「国土交通省関東地方整備局東京港湾事務所［なるほど！　東京港］」を筆頭に、結構な数のサイトが並びます。それらは概《おおむ》ね「徳川家康が江戸の町づくりのため神田山を切り崩し、日比谷入江を埋め立てた」といった紹介で、とくにその根拠を示したものも、まして切り崩した場所がどこかを示唆するものも見あたりません。

この神田山切り崩し話の「出所大元」は、慶長一九（一六一四）年頃の作とされる三浦浄心《じょうしん》の『慶長見聞集《けんもんしゅう》』です。著者は相模三浦氏の裔《すえ》、北条氏の臣として天正一八（一五九〇）年の小田原籠城を経た人だから、その記録は勧善懲悪説教節とはいえ、貴重なものがあったのです。件《くだん》の『慶長見聞集』は、大正年間に刊行された「江戸叢書」の一冊に収録され、活字となっていますので、それを引用すると以下の通りです。

見しは昔、当君〈家康のこと〉武州豊島の郡、江戸へ御打入より、このかた町繁盛す。しかれ共地形広からず、是に依てとしま〈豊島〉の洲崎に、町をたてんと仰有て、慶長八卯の年〈一六〇三年、筆者注〉、日本六十余州の人歩をよせ、神田山をひきくづし、南方の海を、四方三十余町うめさせ、陸地となし、其上に在家を立給ふ、（中略）此町の外家居つづき、広大なる事、南は品川西はたやすの原、北は神田の原、東は浅草まで町つづきたり（後略）
「南海をうめ江戸町立給ふ事」

「中略」のところでは、平清盛が兵庫の浦を埋め立てたときの例をあげて、江戸はその一〇倍の規模だといい、「後略」部では徳川の治世をほめたたえ、四八〇字ほどの短いこの項は終了しています。

入力語が「切り崩し」でなく『慶長見聞集』にあるように「神田山　引き崩し」や「同　ひきくづし」にすると、検索ヒットが極端に減る。こういうところに現在の「ネット読み書き《リテラシー》」つまり、人の記憶とネット言説の「微妙なズレ」が垣間見られますが、それはさておき江戸東京史の基本資料である『東京市史稿』の市街篇第二、「日比谷入江埴築」の項では『落穂集《おちぼしゅう》追加』（通称『落穂集』。大道寺友山の著）を引用して、『慶長見聞集』とは異なった内容の記述が採用されていました。すなわち、文禄二（一五九三）年九月に江戸城西の丸が創建され、翌年継続工事を予定していたところ、豊臣秀吉から京都の伏見城築造を命ぜられたため、中止してそちらにとりかかり、その間江戸では濠の開削工事で出た揚土《あげつち》で日比谷入江などを埋め立てていた、というのです。

　同じ日比谷入江の埋め立てでも、時期も違えば埋め立て土の供給源も異なる。『市史稿』では「神田山きりくづし」説は採用していない。排中律を適用すれば『落穂集』が正しいか、『慶長見聞集』が正しいかで、どちらかが誤りであるわけですが、なにせ証拠となる確かな文書が残されていない江戸初期の話で検証は難しい。

　これは、場面をずらして考えれば、矛盾も解消される。つまり何回かにわたって、段階的に日比谷入江が埋め立てられた可能性ももちろんあるわけで、多分そちらのほうが蓋然性《がいぜんせい》が高いのです。

　日本史の年号暗記でおなじみ「関ヶ原の戦い」は一六〇〇（慶長五）年の九月一五日。そうして慶長八年は一六〇三年。「徳川家康が征夷大将軍となり、江戸に幕府をひらいた」のはその二月一二日ですから、「日本六十余州」の労働力を徴発するなど朝飯前。大々的に「さあやるぞと」いう、沸き立つような慶長年間の江戸の街づくりの雰囲気は、『見聞集』からじかに伝わってくるようです。

　ネット・サイトで採用の多い「神田山　切り崩し」は慶長年間の話だとして、では神田山を「くずし」たというなら、それは現在のどのあたりなのか。

　坂の傾斜が減らされた、つまり崩された跡は、地形図（図1）の赤い線で示された等高線の束の、不自然に集中し、また不自然にあいた間隔にあらわれ

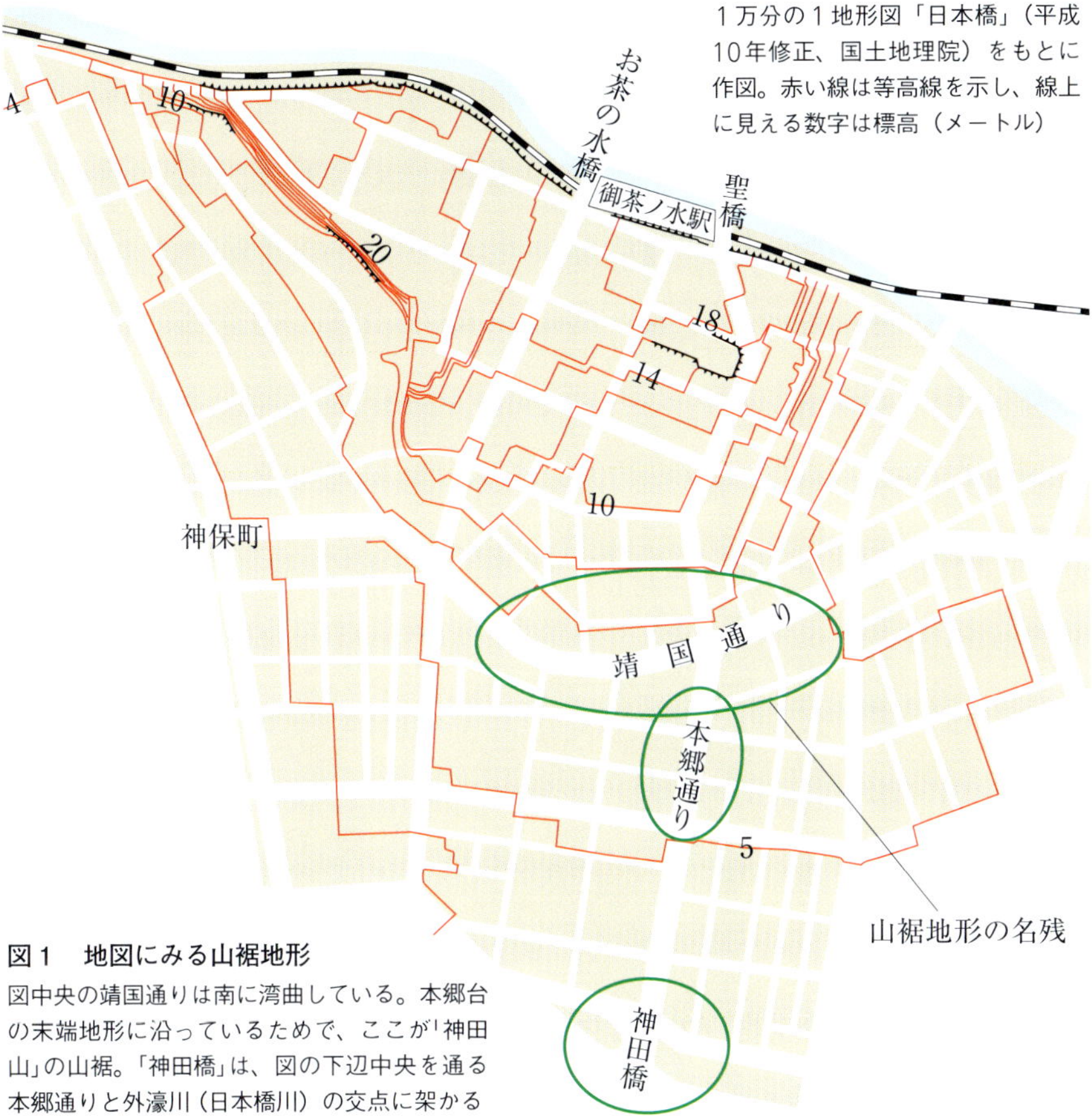

1万分の1地形図「日本橋」(平成10年修正、国土地理院)をもとに作図。赤い線は等高線を示し、線上に見える数字は標高(メートル)

図1　地図にみる山裾地形

図中央の靖国通りは南に湾曲している。本郷台の末端地形に沿っているためで、ここが「神田山」の山裾。「神田橋」は、図の下辺中央を通る本郷通りと外濠川(日本橋川)の交点に架かる

写真1　靖国通りの湾曲部

右手(北側)に、「原神田山」を見上げたはず

ていることは十分に可能でしょう。盛土された場合と較べれば、切り崩しの跡をみつけるのは、比較的容易なはずです。一方、現在の靖国通りの湾曲部（103ページ、写真1）にも、神田山の「山裾地形」が残されているようにみえる。

露出する崖

かつての神田山、つまり神田低湿地の西北につき出した本郷台地の先端（98ページ下図参照）は、人工水路「神田川」渓谷によって分断され、いわゆる「駿河台」と本郷の台地とに隔てられました（70ページ、図1）。駿河台の、現在の最高地点は鴻池組や池坊お茶の水学院のある神田駿河台二丁目の北辺で、標高二二メートル。台地下の低湿地だった「神田」（現在のJR神田駅から四〇〇〜五〇〇メートル西側の内神田一丁目、神田橋の北辺一帯。98ページ参照）とは、一八メートルの高低差があります。この高低差の中に、「神田山」が存在したわけです。

当時の神田山の痕跡を探して、水道橋から駿河台まで歩いてみましょう（図2参照）。水道橋駅は御茶ノ水駅寄り改札を出ると、広い白山通りの向こうに東洋高等学校のビルが見えます。

東洋高等学校の裏手、JRの線路に沿った上り坂は皀角坂《さいかちざか》（写真2）。かつては、秋に大きな莢《さや》をぶら下げる豆科のサイカチが群生していたと伝えられるけれども、今日では坂上に植えられた、一、二本がトゲのある枝を広げているのみ。今回は台地の尾根に向かうこの坂は上らない。坂の右手、錦華《きんか》通りの小栗坂《おぐりざか》から猿楽通りに入っていく少し手前に、擁壁を目にすることができるでしょう。擁壁は、皀角坂下からはじまって南東方向に約四〇〇メートル

写真２　皀角坂と小栗坂

神田川の右岸、水道橋駅方面から御茶ノ水駅方向を見ると、正面に上るのが皀角坂（さいかちざか）で、右手に下る小栗坂。小栗坂の名は、江戸初期、この坂を正面に上ったところにあった小栗又兵衛の屋敷にちなむ（『寛永江戸全図』『明暦江戸大絵図』）

図２
駿河台の大崖を追跡する

写真３　猿楽町２丁目のポケットパークと崖

住友不動産ビルの裏手にある小さな公園の奥に高い擁壁が続いている（撮影：吉田みのり）

写真４　猿楽町１丁目の駐車場と崖

（撮影：吉田みのり）

写真５　露出した崖

東京の区部には珍しい土面が露出した「自然斜面」。主体部比高約8.5m（撮影：吉田みのり）

写真６　千代田区自転車保管所の崖
千代田区自転車保管所奥、都心部に稀なむき出しの崖がつづく。右手にそびえるのは明治大学リバティタワー

図２（再掲）
駿河台の大崖を追跡する

（写真3）、そこからさらにほぼ南へ一五〇メートルと連なり、明治大学猿楽町校舎から錦華公園、そして山の上ホテルまで追跡できる。主体部比高八・五メートル、傾斜角四八度ほどもある大きな崖（106ページ、写真4、5）です。

その崖が、現在もっともよく見える場所は、明大三号館と四号館の間の道の突き当たりは千代田区の自転車保管所（107ページ、写真6）でしょう。何故というに、ここは幸いにしてビル化されておらず、囲いが金網だから見る分には支障がない。さらに稀なのは、一部の裾が石垣となっているものの、結構広い範囲が土の崖のままで、表面を植物が覆っていることです。都心にあって、擁壁被覆されていない自然急斜面は大変に珍しい。

むき出しのこの「素《す》の崖」は約一六〇メートルも続いているのですが、面白いのは、錦華公園を手前にまわりこんで、明治大学一〇号館の正面入口。そこには「ここは3階です」と大きく貼紙がしてあります。崖下から三階分の高さにしてようやくメインの道路に面するというわけです。さらにお隣の一四号館の入口から、小さな白い鉄橋で渡ればそこは「4階」。両校舎とも崖地の深い緑に覆われた、趣深い環境です。

少し戻りますが、写真3の地点から猿楽通りに出、五〇メートル先を左に曲がると、正面に見えるのが女坂（110ページ、写真7）。坂というより、崖を上る階段です。男坂は、猿楽通りのさらに一〇〇メートルほど先にある（111ページ、写真8）。この二つの急坂ももちろん駿河台の崖の一部で、上り下りができなかった急斜面に石段が設けられたのは、関東大震災の後の話。石段もなく、ただ崖のつづいていた時代の様子を、石川啄木は「窓を開けば、竹

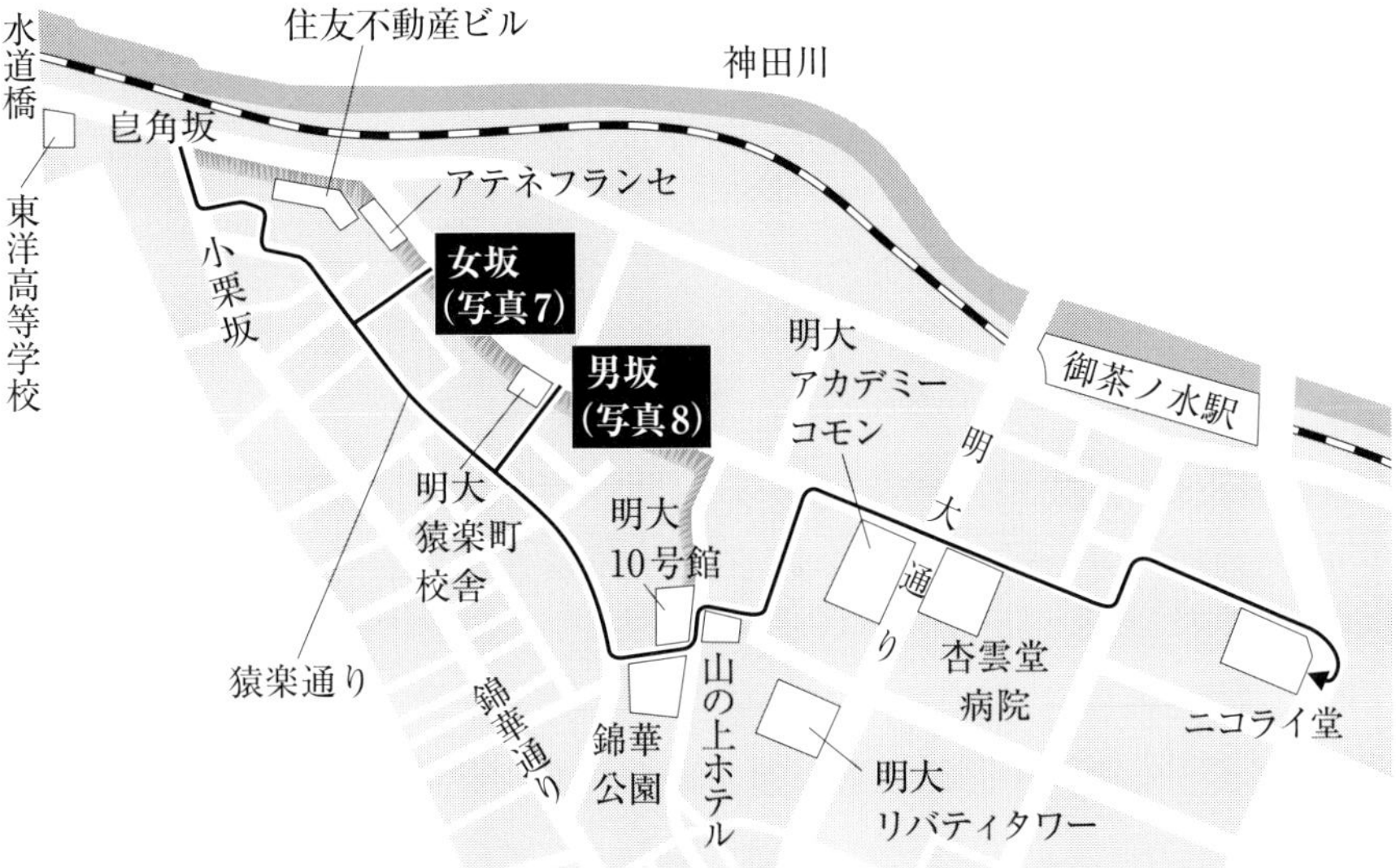

**図２（再掲）
駿河台の大崖を追跡する**

林の崖下《がいか》、一望甍《いらか》の谷ありて眼界を埋めたり」（『眼れる都』明治三八年）と記していました。

一方、女坂を上り切った左手、すぐそばには「アテネフランセ」のバラ色のビルがあらわれます。吉《よし》阪隆正《ざかたかまさ》設計のこのビルは、古く急な斜面からのび上がるように建てられていて、地下カフェからは崖下を見おろす眺望が得られます。

神田山「ひきくづし」の跡

皀角坂下から約五〇〇メートル先、現在の山の上ホテルの敷地も崖際にして崖の上。駿河台の大崖は、明治の一〇年代に内務省地理局が作製した五〇〇〇分の一の実測図に明瞭に表わされています（111ページ、図３）。

崖の延長部は、山の上ホテルに止まるものではありませんでした。

写真７　女坂は81段

女坂は下から41段上って、右に27段、左に13段上る。直登する急坂の男坂に対して、ペアの「折れ坂」として開発されたが、傾斜は男坂よりも急なところがある（撮影：吉田みのり）

明治も一〇年代の精密測量の結果を示したこの地図には、さらにそこから方角を変えて北上する、「ケバ」であらわされた急斜面をみとめることができる（図3）。「崖」を辿ると（113ページ地図）、現在の明治大学「アカデミーコモン」の正面辺りから東向きに明大通りを横断、杏雲堂病院の脇を経てお茶の水仲通りを北に鉤状に曲がり、そこからまたさらに東側、現在の東京復活大聖堂、すなわちニコライ堂のあたりまで続いている（写真9）。山の上ホテルから先のこのラインは、折れ曲がってはいるものの、直線で構成されている。

この「崖線」はあきらかに土木施工の跡で、江戸時代初期の宅地（武家屋敷地）造成に関わるものと思われます。鉤の手雛壇状施工は、まわりの標高からみて「盛土」によるものとは認めがたいから、すなわち「切土」で、つまりは「ひきくづし」の跡

写真８　男坂は69段

男坂も女坂もはじめから石段として、大正も関東大震災後の13年（1924年）に開かれた。それ以前は、「坂」はなく、ただの崖だった（撮影：吉田みのり）

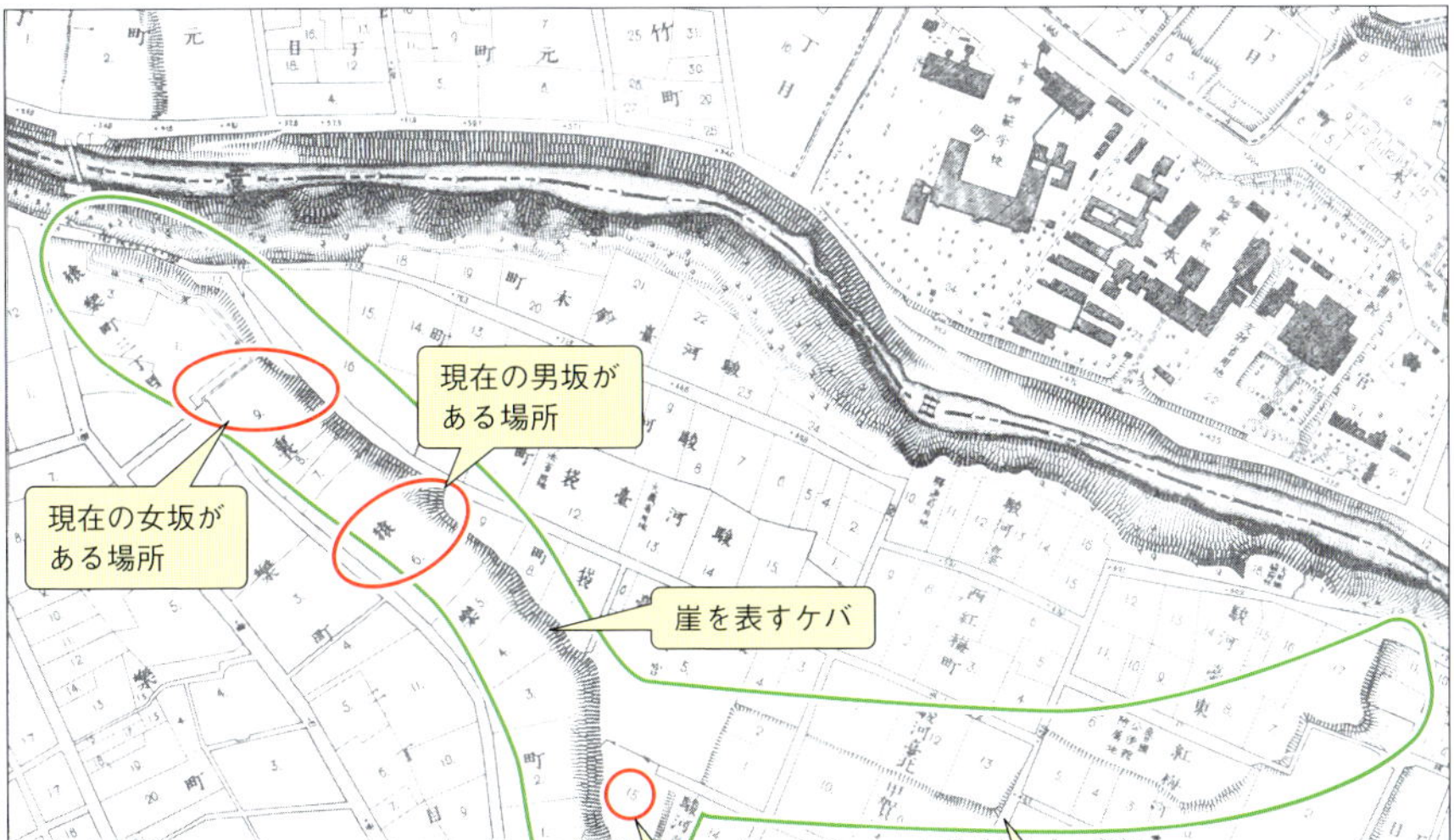

図３　延長700ｍの駿河台の崖

明治19年出版、内務省地理局作製地図（1：5000）の一部。65％に縮小。男坂や女坂は存在しない。下辺中央「駿河台南甲賀町15」の崖端には、現在山の上ホテル（旧館）が立地している

（「盛土」と「切土」の違いは96ページ参照）。

ただし、これを慶長八年、江戸幕府開設当時の「日比谷入江」埋め立て工事に使われたと断定する根拠とするのは、いささか牽強付会《けんきょうふかい》。なにせ駿河台から日比谷までの距離がありすぎる。土は、掘ったり崩したりするのも大変だけれども、それ以上に運搬に大きな労力と経費がかかる。江戸城外濠の開削を担当した仙台藩が、その工事によって生じた土を捨場まで運搬するに距離がありすぎるといって、幕府に抗議状をしたためた例も知られています（北原糸子『江戸城外堀物語』）。

しかしながら、皀角坂下からはじまって、ニコライ堂まで追跡できる崖線のうち、山の上ホテルから東側はあきらかに人工地形改変の跡。一方その西側、皀角坂から明大10号館までの「駿河台の大崖」は、おそらく小石川と平川が合流して攻撃、侵食してできた河食崖なのです（98ページ下段図参照）。

先にも触れたように、現在の靖国通りの南への凸状湾曲は、『慶長見聞集』に登場する原《ウル》「神田山」の「裾地形」を反映していると考えられます。

靖国通りのまだ通じてはいない明治初期の地図で、この「裾地形」をなぞってみると、東は連雀町、佐柄木町からはじまって、南端を小川町、そしてその西を先ほどの猿楽町二丁目、同三丁目と続くゆるやかな弓形が明瞭に認められ、それが「神田山舌状台地」の先端にあたることも判然とします。

「日比谷入江埴築」の土が、どの地点からもたらされたかを結論づけることはできないにしても、神田山は、確かに江戸幕府開府以降、しかし記録に残らない古い時期に人の手によって削り取られ、部分ごとにその標高を低下させてきたのです。

図2（再掲）
駿河台の大崖を追跡する

写真9
旧「ロシア公使館付属地」ニコライ堂に向かう崖線
日本大学理工学部の北を東京復活大聖堂（ニコライ堂）下に向かう崖。聖堂の東側は舗道際から８ｍほどの垂直な崖。アトス山に代表されるように、ギリシャ正教の教会は、よく急峻な崖の上に建てられる（撮影：吉田みのり）

コラム⑪　江戸最古の坂

信頼すべき「坂学会」(The Slope Society of Japan)のインターネット・サイトには、俵元昭《たわらもとあき》氏と井手のり子氏連名の「坂出典年表」があり、江戸東京の坂文献を網羅していて、坂の由来や歴史に興味ある人には大変に便利、かつ有益。

それによると、江戸最古の坂「文献」は、慶長五(一六〇〇)年から同八年の間につくられたと考証されている『別本慶長江戸図』である由。この図は、初期江戸を描いた手描きメモのようなもので、埋め立て前の「日比谷入江」が描かれている唯一の古地図として知られているが、現在に伝わるのは、江戸後期の写図。

この図の中に「登り坂四つヤ道」の記述があり、これが江戸の坂について最初に触れた歴史的資料という。

「最古の坂文献」に記載された「登り坂」とは、現在のどこをいったものか。実はこの写図の、弘化二(一八四六)年とした添書きの中に、すでに「登り坂トあるハ今九段坂の辺ならん」と書かれている。

「登り坂四つヤ道」という記述の「四つヤ道」とは、「四ツ谷に至る道」を意味する。だから他の記載事項から判断して、この文字のすぐそばを通る水色のラインはかなりデフォルメされ、千鳥ヶ淵と直接つながってしまっているけれども、確かに現在の日本橋川。つまり「平川東遷」後の状況を描いたものだった(87ページ、図3参照)。

『別本慶長江戸図』の原図が描かれたと思われるのは、関ヶ原の戦いから江戸幕府成立(一六〇三年)までの間、つまり外様大名が競って江戸に人質を差し出し、屋敷を建てはじめた時期。九段坂や市ヶ谷、四ツ谷あたりは「地形改造」以前。本来であれば「上州道」のあたりに記入されるべき「登り坂」=九段坂は、だからほとんど「崖道」だったはず。

「四つヤ(谷)」とは江戸城北西部、麴町台地と四谷台地の間一帯にあったいくつかの侵食谷を総称したもので、現在の外濠は、これらを利用しつつ統廃合した結果だと考えられる。

江戸城建設の最後をしめくくる外濠工事が完成したのは家光の代の寛永一三（一六三六）年だから、この「スケッチ図」の成立から三四年も後の話になる。

坂は、昔からそこにあったわけではない。それは道の一部であって、人間がつくりだした。「人間以前」そこは急斜面、つまり崖であった。多くの人間が住まうようになって、はじめて坂は誕生し、その数を増してゆく。一方、現代に近づくほど、坂は削られてその傾斜を減じる。坂は急なほど古いのである。

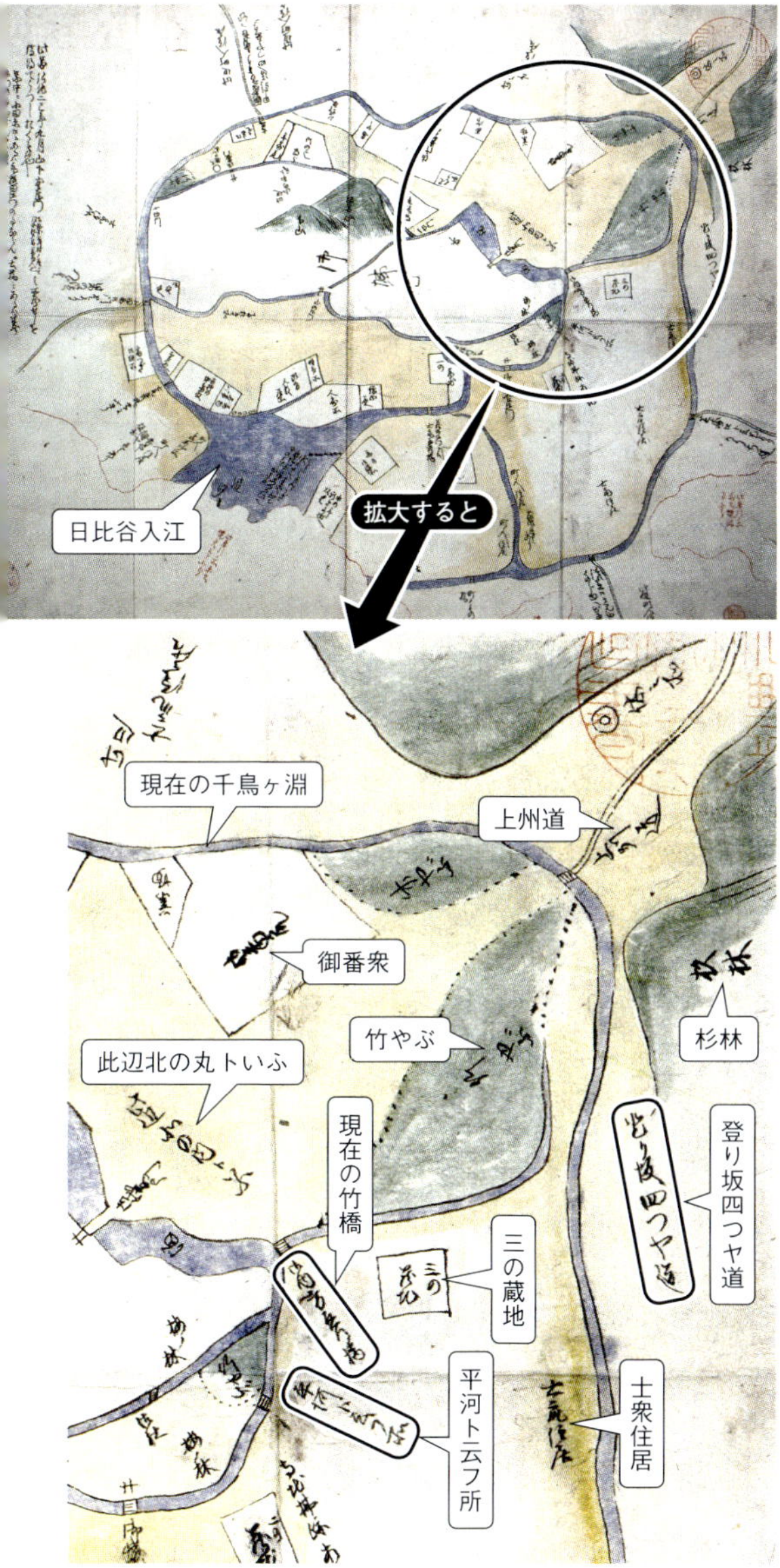

図４　『別本慶長江戸図』（東京都立中央図書館所蔵）

「四つヤ道」と書いてある文字のあたりは、現在の靖国通りにあたる。しかし現在の靖国通りは市ヶ谷で外濠を越えて新宿方面に向かい、四ツ谷は市ヶ谷のさらに南。現在四ツ谷を通って甲州街道（国道20号線）につながるのは半蔵門から西に向かう新宿通り

コラム⑫ 九段坂は崖だった

九段坂を路面電車が通るようになったのは、明治も末の四〇(一九〇七)年七月。けれども、東京に電車あって以来の大工事のため、九段坂を直接上るのを断念。九段坂の南側が濠に面しているのを利用して(現在の牛ヶ淵から千鳥ヶ淵にかけての田安門辺り)、急斜面の中腹にわざわざ専用の脇道を作った。明治四〇年六月八日の『報知新聞』は、止むなく「田安橋」と名づけた専用軌道すなわち「鉄橋」が「道の下」に敷設された、と報じている。

このことは、陸地測量部が明治四二年に測図された一万分の一地形図の「日本橋」および「四谷」図をみればよくわかる。神保町方面から俎橋《まないたばし》を抜け九段下までやってきた飯田町線の線路は、九段坂上まで上ることなく、濠に面した〃脇道〃を抜けて、市ヶ谷方面に向かう市ヶ谷線に通じていた。

当時の報道によれば、坂下の俎橋の中央から、九段坂上にあった陸軍大将川上操六《かわかみそうろく》の銅像(戦時金属供出で失われた)までの距離は約一三二・五メートル、坂下と坂上の標高差は約二二メートルだから、タンジェントで計算すると傾斜角九度二五分となる。現在の都電荒川線の「難所」、北区飛鳥山付近でも、その傾斜角は碓氷《うすい》峠並の三度四九分ほどというから、とても電車は九段坂を上れない。

九段坂にさらに手が加えられ、坂の中央を電車がゆっくり上り下りするようになったのは関東大震災後の改正工事以降である。だから広く見わたせる、現在のゆるい坂道は案外に新しい。ちなみに現在の九段坂でもっとも傾斜のきつそうなところで、せいぜい六度。

一方、九段坂のひとつ北側に並行する中坂を計測すれば、その傾斜角度はほぼ一〇度。中坂は九段坂の旧地形を保存していたのだった。国土地理院の一万分の一地形図(「日本橋」)を参照すると、そのことがよく

図5
現在の等高線にみる九段坂と中坂
図の下辺中央、九段坂には標高6mから24mの間に9本の等高線がほぼ等間隔で並んでいる。これらの等高線は北上して急速に集束され、暁星小学校下では擁壁（崖）のラインと2本の等高線のみとなっている

わかる。現在の九段坂は、中坂と較べても等高線間隔が異様に拡幅されている（図5下辺中央）。一方、中坂の坂下と坂上では、標高八メートルから二二メートルの等高線がほぼ等間隔ながら、より集束。さらに北上すると、等高線の集束度合は高まって崖そのものとなる。

明治も一〇年代、当時の参謀本部陸軍部測量局が作成した、フランス式の彩色鮮やかな「五千分の一東京図測量原図」（全三六図）によって九段坂と中坂、そして北につづく斜面を見てみると、明治も初期の時点で、すでに中坂も九段坂も人工的に相当傾斜を減じられ、つまり削られていることがわかる。

路面電車が上がれないほどの急勾配だった九段坂や中坂は、繰り返し人の手が加えられ、今日見るような坂となった。江戸期には、九段坂も中坂も相当な「山道」で、そもそもは「等高線の集束地帯」。つまり坂道は元来崖ないし崖に近い急斜面だった。

第8章

崖の使いみち
――赤羽――

東京二三区内に七ヵ所ある「急傾斜地崩壊危険区域」のうち、五ヵ所までが集中する北区。しかし危険な崖も使い方次第。防災にも役立てることができる。赤羽崖散歩の終着点にある、崖地の賢い利用例とは？

赤羽西二丁目の崖

赤羽駅の西には都指定の「急傾斜地崩壊危険区域」が集中。写真は普門院の山門前から赤羽駅方面を撮影。葛の葉に覆われた緑の斜面左上に小さく白く立つのは「危険区域」指定の公示標

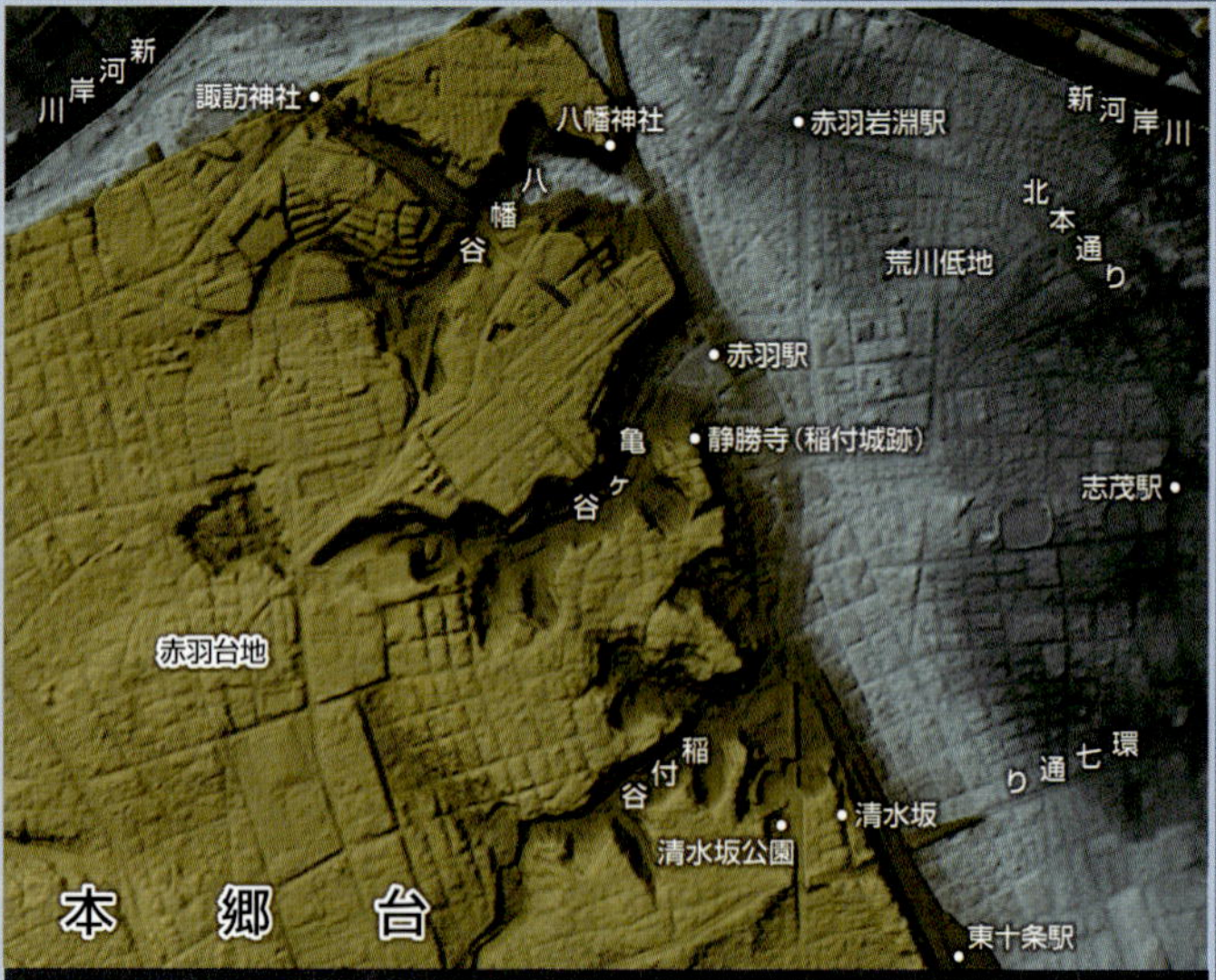

カシミール3Dを用い、石川初氏の「5mメッシュ東京スペシャル」のパレット設定を使用して作製。国土地理院発行の「数値地図5mメッシュ（標高）」を使用した

台地端を刻みこむ3つの「開析谷」

赤羽台地は武蔵野台地の東北端。縄文時代の一時期は「奥東京湾」を眼下にした崖縁。江戸城同様、太田道灌によって扇谷上杉家の前線基地稲付城が設けられた。「八幡谷」「亀ヶ谷」は本来無名の谷で、ここでは仮称

カシミール３Ｄを用いて作製。標高は10倍強調している。この背景データ地図等データは、国土地理院の電子国土Webシステムから配信されたものである

崖の集中地区

上野方面から日暮里崖線をさらに北上すると、JR東日本の赤羽駅にたどり着きます。同駅は、宇都宮線と高崎線、湘南新宿ライン、京浜東北線、埼京線の停車駅で、一日の乗降人員数約九万人、そしてそれに倍する乗換客が集中するといいます。

実はこの赤羽駅の西側は、都区内では稀な「急傾斜地崩壊危険区域」が四ヵ所もみられる珍しいエリアなのです。

赤羽駅の西口から十条方面に少し行き、右に曲がると、西口本通りの奥正面に、駅付近には少い緑の小山が目に入る。そこには太田道灌《どうかん》ゆかりの静勝《じょうしょう》寺《じ》が立地している。このお寺は、室町時代に道灌が築城した稲付城《いなつけじょう》の跡地でした（写真1）。

駅から数分もかからない。直登する石段は計五四段。蹴上《けあげ》幅は一八〜二〇センチですから、その比高約一〇メートル。傾斜角三四度は立派な崖でした。

江戸城と、埼玉県のほぼ中央に位置する岩槻城《いわつきじょう》を中継する地点に建設されたこの城は、最高地点で標高一八メートル。縄文の海と、段丘開析谷によって削り出された岬《みさき》状地形の、北の先端に位置しています（図1）。

指定地区

赤羽駅西口から鉄道線路に並行する赤羽西口通りを、道なりに二二〇メートルほど南下すると、右手は建物のエキゾチックなことで知られる真言宗智山派の普門院（妙覚山蓮華寺）が見えます。

台湾風（?）という山門の右わきから覗いてみると、そこは一面葛の葉に覆われた、傾斜角約四五度の緑の壁（118ページ、下段写真参照）。斜面上端に

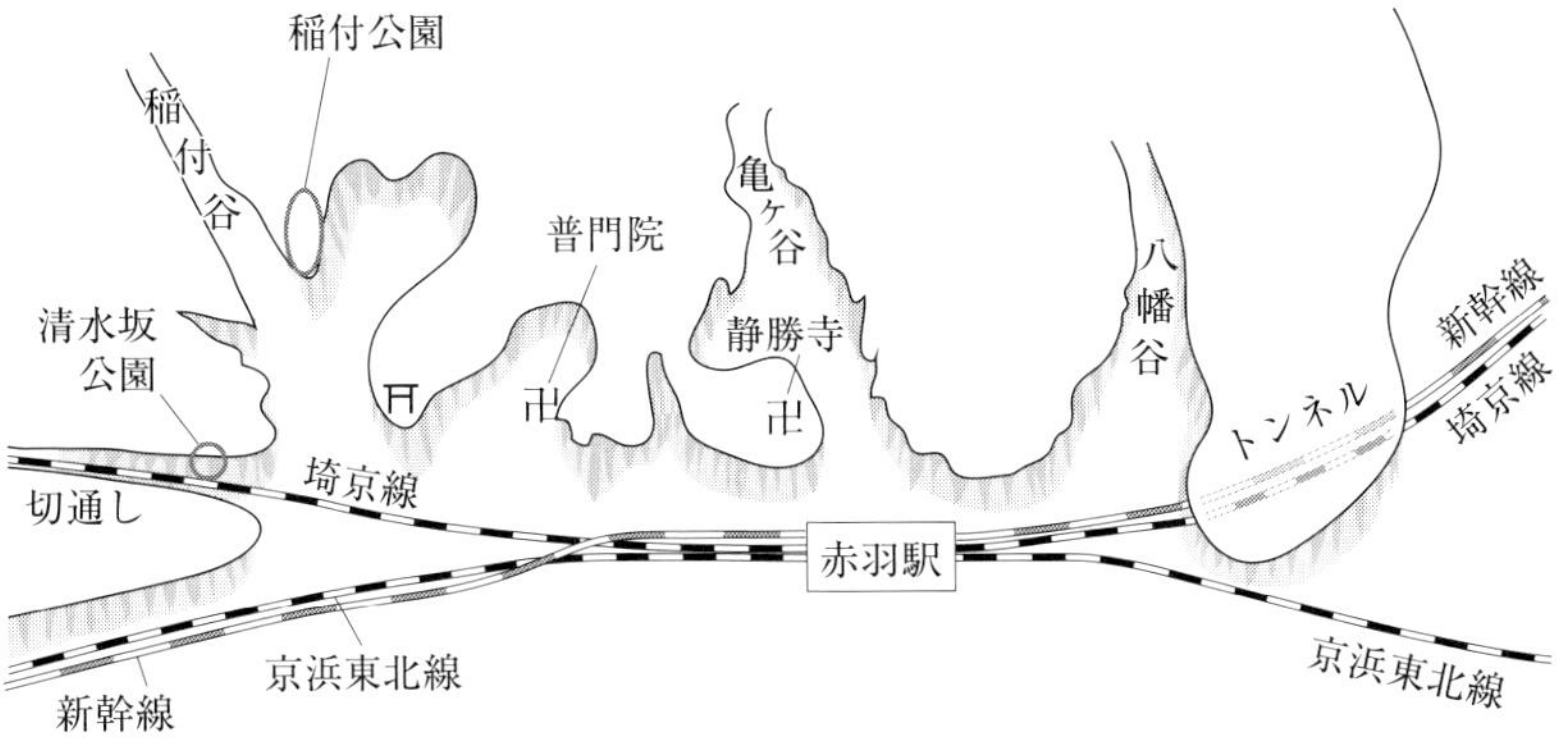

図1　赤羽の地形の模式図

写真1
静勝寺と稲付城跡に上る石段は54段、傾斜角34度

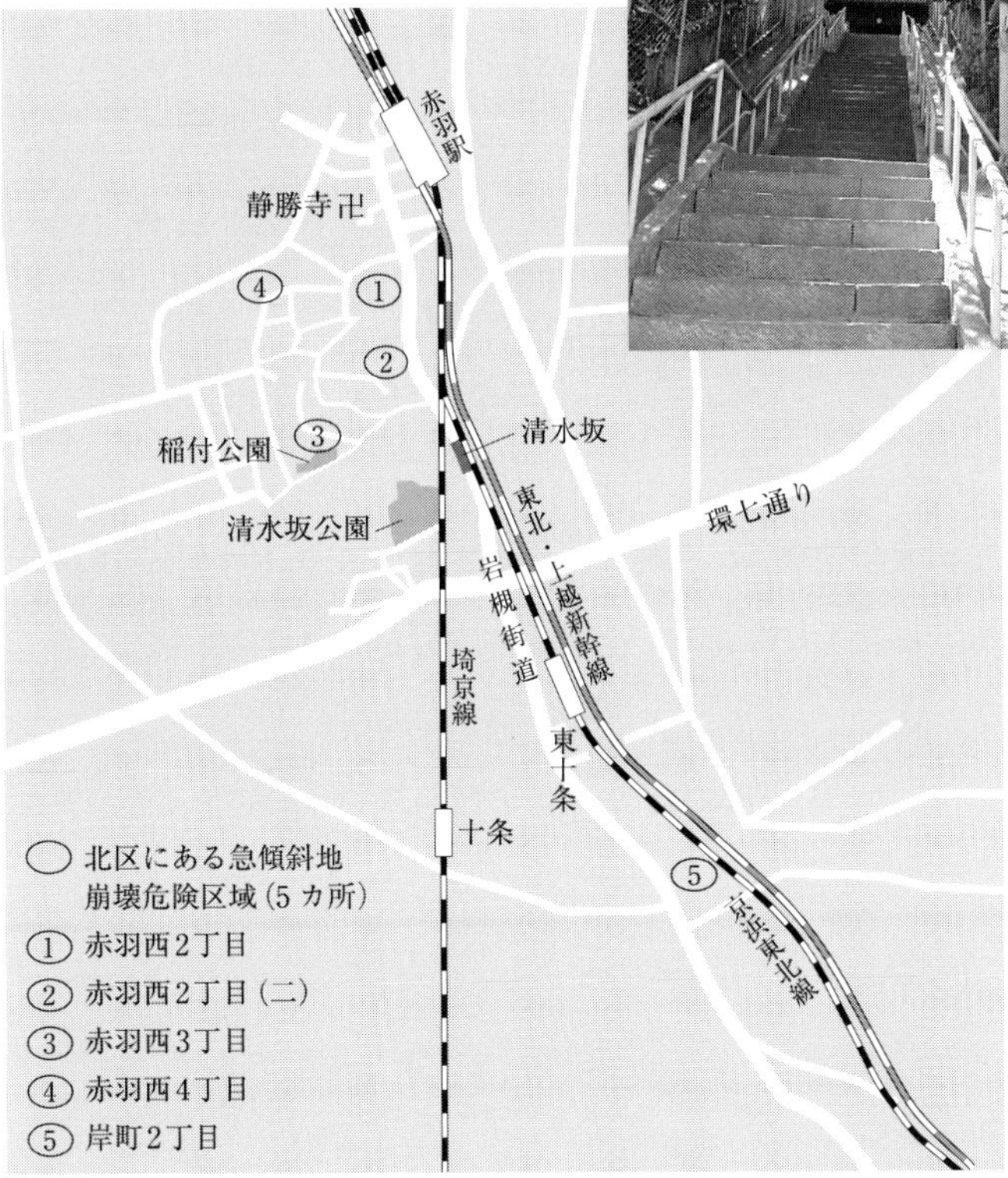

図2
赤羽の崖の追跡図

は白い公示標が立てられていて、「急傾斜地崩壊危険区域」の「赤羽西二丁目地区」とあります。

その延長が赤羽駅方面に少し戻る路地奥にもあり、ほぼ垂直、比高約一〇メートルのコンクリート擁壁が屹立している（写真2）。ここにも同様の都の地域指定標が、しっかりと設置されていました。

実は北区には、こうした「急傾斜地崩壊危険区域」がほかに四ヵ所ある。一つは「赤羽西二丁目地区（二）」。普門院から一五〇メートルほど南、赤羽西二丁目二四番地の路地奥が、その崖縁（写真3）。普門院の墓地とインド風の塔を見下ろし、埼京線の高架と清掃工場の焼却炉煙突を指呼する、標高二〇メートルの地に位置します。

二つ目は、そこから南西、無名の小さな谷をへだてて一五〇メートルほどのところにある標高二〇メートルから二二メートルの北区立稲付《いなつけ》公園で、その北斜面が、「急傾斜地崩壊危険区域」の「赤羽西三丁目地区」に指定されていました（写真4）。

三つ目は、稲付公園から北北西に約四〇〇メートル行ったところにある「赤羽西四丁目地区」。

四つ目はそこから南へ二キロメートル弱離れ、十条台小学校手前の「岸町二丁目地区」（写真5）。

これらの急傾斜地崩壊危険区域のうち、「赤羽二丁目地区」と「同（二）」、および「岸町二丁目地区」は奥東京湾に東面した海食崖（36ページ、図4参照）。

残りの「赤羽西二丁目地区」と「赤羽西四丁目地区」の崖は、古東京川（37ページ、図5(3)）の支流が台地を侵食した「段丘開析谷」の谷壁《こくへき》でした。八幡谷と亀ヶ谷そして稲付谷の三つは、段丘面が形成されて後にそれを開析してできた段丘端小河谷の典型でしょう（118ページ、下段地図参照）。

写真２　赤羽西２丁目路地の奥に立つ擁壁崖

写真３　路地裏奥の行き止まりは崖縁

写真４（右）　北区立稲付公園の北東端の崖
北区立稲付公園は、講談社の創業者、桐生出身の野間清治氏の別荘跡地で、その前の坂道を野間坂という。北区の標柱が立っている

写真５　十条台小学校北の崖

崖公園と清水

稲付公園から東へ下り、北区十条仲原四丁目の細い石段を上って道なりに行くと、左下に約二万平方メートルの広さをもつ窪地状の清水坂《しみずざか》公園が現れます（写真6）。

北区が一九八八年に旧国鉄用地を買収し、「自然環境を取り戻す場所」として積極的に整備したもので、『公園緑地』一九九六年二月号では「崖地利用」公園として紹介されています。

この公園の「売り」は、高低差一〇メートルを利用した全長一五〇メートルの水流。残暑厳しい午後、子どもたちが水遊びをしたり（写真6）、大人たちが並んで足を水流に浸けたりしている様は、傍目《はため》にも心地よい。

また、同じ高低差を活かした延長五二メートルのローラー式滑り台も、公共公園としては珍しく人気の様子。

もちろんこの「崖公園」は、斜面の上下に人家がないため「急傾斜地崩壊危険区域」には該当しません。高低差を逆に生かした公共施設は、高く評価されるべきものでしょう。

ただし、この広い窪地をいくつかの旧版地形図で確認すると、元来は平坦な段丘面にすぎません。つまり現在の清水坂公園は、旧国鉄用地（官舎）として大規模に削平《さくへい》された人工の窪地を利用したものでした。

一方、本来の「清水坂」は、岩槻街道が台地と低地を斜めに上下する切通しの一部をいうのであって、「清水」は切通しで削られた段丘崖から滴っていたのです（写真7／118ページ、下段地図・121ページ、図2参照）。

写真６　清水坂公園の斜面を生かした流水施設

写真７　本来の「清水坂」は、岩槻街道（日光御成道）が段丘崖を斜めに上下するための切通し坂で「十条の長坂」ともいわれ、開削した崖壁から清水が滴っていた

図３　王子の狐も崖線に棲んだ？

岸町２丁目の十条台小学校手前に、北区５つ目の「急傾斜地崩壊危険区域」がある。しかしその先も崖線は連続し、「急傾斜地崩壊危険箇所」（赤紫色囲み）も断続的に並び、田端、日暮里、鶯谷と続く。1:10000地形図「赤羽」（昭和58年、国土地理院）の一部を184パーセントに拡大

写真８　王子稲荷の崖

王子稲荷の崖を切り通してできた坂道と人工崖

写真９　中央工学校

崖上の学校、崖下の駐車場はよくある光景

「危険箇所」と地図

北区には「急傾斜地崩壊危険区域」が五ヵ所あると説明しましたが、崖の危険度を示す指標としては、これとは別に第1章、第3章でも紹介した「急傾斜地崩壊危険箇所」なるものがあります。「区域」と「箇所」がどう違うのか、これについては、混乱しやすいので説明しましょう。

平成二一年度四月一日現在、東京都二三区の「急傾斜地崩壊危険箇所」の総数は五九二ヵ所（131ページ、図4）。数の多さでいえば、一番は港区の一一八ヵ所。逆にゼロは中央・墨田・江東・足立・葛飾・江戸川の六区。そこは沖積地や埋め立てで出来た土地だから、崖は存在し得ない。

「急傾斜地崩壊危険箇所」とは、崩壊した場合に「人家や公共施設等に被害を生じる恐れがある箇所」のことで、崖崩れがあっても人的被害が生じる可能性が少ないところは省かれています。すなわち崖自体の数を示していないことは、第1章（8ページ）で言及した一九六九年度「東京山手台地におけるがけ・擁壁崩壊危険度の実態調査」の結果と同じ。

この約四〇年前の調査の結果では、二三区の「危険度大」の総数は二五一九ヵ所。平成二一年度は五九二ヵ所ですから四分の一以下に減少しています。斜面被覆整備が大幅に進んだ結果、危険な崖が減ったと喜びたいところですが、そうは問屋が卸さない。むしろ危険な崖は増えているといわれる。土木技術がすすんだため、それまで都市における帯状の緑地として残されていた崖、つまり連続する急斜面に、旧来難しかった宅地開発が可能となり、また狭小な斜面下にも住宅が進出した結果、崖崩れの危険箇所は、逆に大幅に増えたはずなのです。それではどうしてこのような数字となったのか。

ひとつには、崖とみなす高さの最低基準が、四〇年前は三メートルだったのに対し、平成二一年の調査では五メートルに引き上げられたことがあります。しかし、それだけでは説明がつかない。

さらなる事情は、危険箇所抽出の基礎作業となる地図の縮尺が、一九六九年（昭和四四年度）の調査と二〇〇九年（平成二一年度）ではまったく違っていたのです。近年のものは、危険箇所抽出の基礎作業を二万五〇〇〇分の一の地形図で行っています。一方、一九六九年の調査では、昭和三〇年代に東京都建設局が整備した三〇〇〇分の一の地形図で作業を行っていた。つまり最新のデータは、初作業の段階で約四〇年前よりも記載がはるかに大まかな地図を用いていました。ことの不十分さを認識してか、都では現在整備されている二五〇〇分の一の地形図をもとにチェックし直していて、危険箇所数は大幅に増える見込みだというのです。

都の二五〇〇分の一地形図は二〇年以上前には整備済みでしたから、どうして最初からそれを使わなかったか理解に苦しむ面がある。

地形図の縮尺二万五〇〇〇分の一と二五〇〇分の一では一〇倍の違いがある。ただしそれは「長さ」で一〇倍なのであって、平面においてはその二乗、つまり一〇〇倍の情報量の違いとなるのです。

危険区域

二〇一二年七月時点では、東京都建設局河川部のインターネットサイト（http://www.kensetsu.metro.tokyo.jp/kasen/map/dosha_r.html）で公開されている「土砂災害危険箇所マップ」は、基本的には、二万五〇〇〇分の一の大まかな地図を用いた調査結果が表われています。一方、危険箇所等を表示しているマップは、二五〇〇分の一の地形図なので、事情を知らない人が見ると、この情報量の高い地図を調査に使ったと思うでしょう。

しかも区町村別になっているマップが大変見にくい。インターネット上では縮小表示されていることもあって、拡大しても表示不鮮明。ようやくこの辺かなと読み取れる程度（図5）。

実はこのマップには「急傾斜地崩壊危険箇所」のほかに、「急傾斜地崩壊危険区域」がある（図5）。前者が赤紫色の線で囲まれているのに対して、後者は濃い黄色の線で囲まれています。

「急傾斜地崩壊危険区域」とは、簡単にいえば、そこがもし崩壊したら「相当数」の死傷者が見込まれるから「予算がつき次第、危険防止のための土木工事にもかかりますよ」という場所で、法律にもとづいて知事名で区域指定される。

つまり、「急傾斜崩壊危険箇所」が崩壊の可能性を警告するイエロー・カード地帯だとすると、「急傾斜地崩壊危険区域」は、一段と進んだ「危険につき触れるな」というレッド・カード地帯。しかしそうだとすると、マップの配色は、カードと色の意味が逆転しているのでした。

急傾斜地崩壊危険区域の根拠となるのは「急傾斜地の崩壊による災害の防止に関する法律」（昭和四四年、法律第五七号）です。これはいわば「崖基本法」で、その目的（第一条）に「急傾斜地の崩壊による災害から国民の生命を保護するため」と謳っている。第二条の、急傾斜地とは「傾斜度が三十度以上である土地をいう」はいいとして、第七条の指定区域内禁止事項としては、次の七点があげられています。一、放流、停滞など水のしん透を助長する行為／二、ため池、用水路などの設置や改造／三、のり切（斜面を削ること）、切土《きりど》、掘削《くつさく》または盛土《もりど》／四、立木竹の伐採／五、木竹の滑下又は地引による搬出／六、土石の採取又は集積／七、その他。

あらためて、崖崩れのきっかけとして「水」が重視されているのが注目されます。そうして、この「レッド・カード崖」が都内（二三区）で何ヵ所指定されているかというと、新宿区一ヵ所、杉並区一ヵ所、北区五ヵ所の計七ヵ所なのでした。東京に住まい、あるいは通勤・通学する人は、見にくいけれど、この「土砂災害危険箇所マップ」を一度はチェックすることが必要でしょう。

区市町村名	土石流危険渓流	急傾斜地崩壊危険箇所			地すべり危険箇所	危険箇所計
		自然斜面	人工斜面	計		
千代田区	0	4	13	17	0	17
中央区	0	0	0	0	0	0
港区	0	20	98	118	0	118
新宿区	0	9	37	46	0	46
文京区	0	12	36	48	0	48
台東区	0	1	3	4	0	4
墨田区	0	0	0	0	0	0
江東区	0	0	0	0	0	0
品川区	0	5	38	43	0	43
目黒区	0	12	8	20	0	20
大田区	0	31	39	70	0	70
世田谷区	0	23	34	57	0	57
渋谷区	0	1	11	12	0	12
中野区	0	3	11	14	0	14
杉並区	0	2	0	2	0	2
豊島区	0	3	9	12	0	12
北区	0	24	34	58	0	58
荒川区	0	2	3	5	0	5
板橋区	0	33	21	54	0	54
練馬区	0	8	4	12	0	12
足立区	0	0	0	0	0	0
葛飾区	0	0	0	0	0	0
江戸川区	0	0	0	0	0	0
区部合計	0	193	399	592	0	592

図４　「土砂災害危険箇所数」の表（23区部）
「東京における土砂災害対策事業」
（平成21年、東京都建設局河川部）から

図５　土砂災害危険箇所図（北区の一部）
「箇所」が赤紫、「区域」が濃い黄色で囲まれている

コラム⑬「縄文地図」のトリック

縄文時代の一時期は温暖期（約六五〇〇〜六〇〇〇年前がピーク）で、現在と較べて三メートルほどの海面上昇がみられた（図6）。いわゆる縄文海進のピーク時期である。

この縄文海進ピーク時期に、東京の「奥深くまで侵入していた海がつくり残していった沖積層」を表したというカラー印刷の「縄文地図」が数年前に書籍として刊行され、ネットなどでずいぶん話題にのぼった。しかしそこには平面しか表さない地図のトリックが働いていたのである。

「洪積台地」と「沖積低地」の色区分としては、この地図は間違っていないのだが、沖積層にはその時期海域であった低地を覆うもの（海成層）と、台地表面にのこされたもの（河成層）二種類がある。

台地上に樹枝状に広がった沖積層のほとんどは、縄文海進ピーク時といえども海水が進入した跡ではなく、河水が運搬、堆積した砂泥層で、河口付近が入江になっていたにすぎない。

だから「縄文地図」としては、低地の沖積層と台地のそれを区別しなければならなかった。その区別なしの「縄文地図」を根拠にした言説は、東京の地形と古環境について、誤ったイメージを流布することになった（207ページ参照文献2「地図の汀」参照）。

沖積層が必ずしも海域を表さないことは、「縄文地図」作製の元資料とされる『東京地盤図』の「柱状図」をみても明らか。ボーリング結果を根拠に縄文期の地盤を示したこの「柱状図」によれば、はっきりした「海岸線」は、東京の「山手」ではすくなくとも現在の「東京湾」に面した台地の端で、しかもそこは海波が打ち寄せる海食崖の絶壁だった。

渋谷や新宿、四谷、世田谷など、一定の標高のある台地内部に縄文の海が侵入していたわけではない。

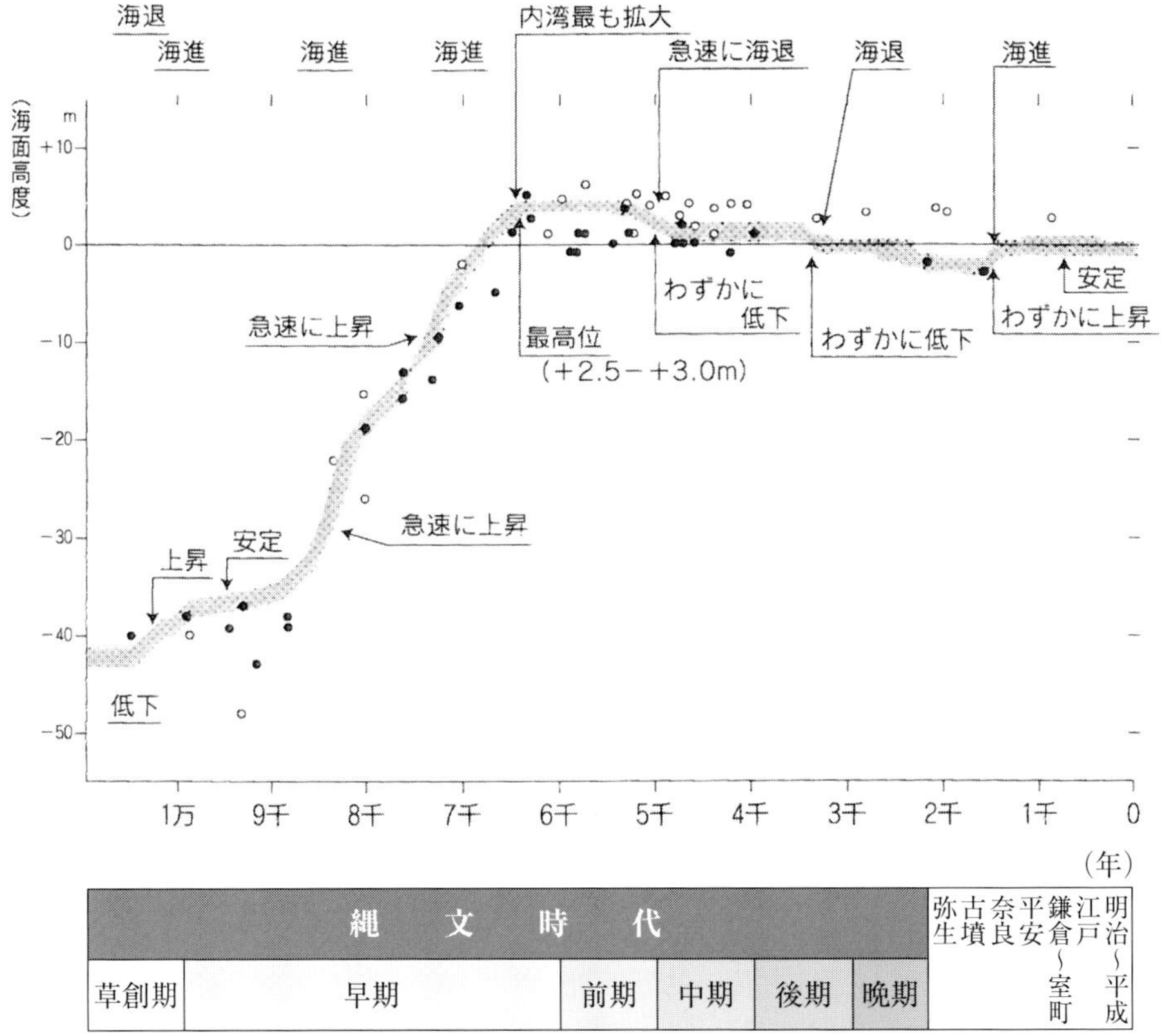

図6　東京湾の過去1.1万年の海面変化

「縄文海進」の結果、海がひろがっていたのは、縄文時代の一時期にすぎないことがわかる。

『図説　市川の歴史』（市川考古博物館、2006年）から

第9章

論争の崖
——愛宕山——

港区愛宕《あたご》神社の石段は、江戸・東京の階段のなかでも屈指の傾斜角をもつ。愛宕山は江戸全市街を眼下におさめた眺望の名所だった。この山は徳川家康の命により築造された「人工丘陵」と主張する人もいるが……。

愛宕山の階段

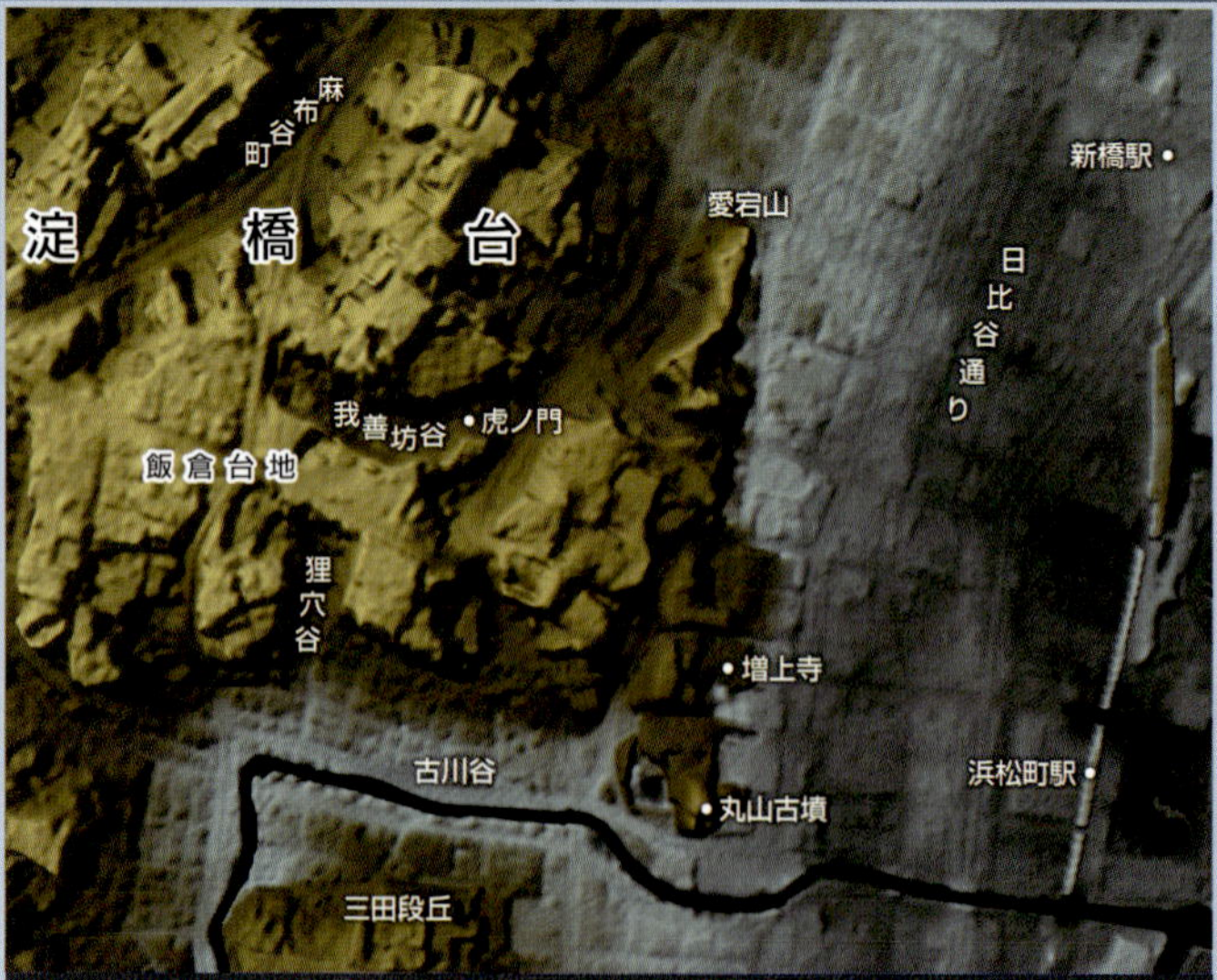

カシミール3Dを用い、石川初氏の「5mメッシュ東京スペシャル」のパレット設定を使用して作製。
国土地理院発行の「数値地図5mメッシュ(標高)」を使用した

江戸城に向かって突出していた「愛宕山半島」

愛宕山の東側は、縄文海進のピーク時に海波によって侵食された海食崖で、その西側は台地が侵食されてできた「開析谷」。下辺を東流するのは渋谷川下流の古川。JR浜松町駅の東南で東京湾に注いでいる

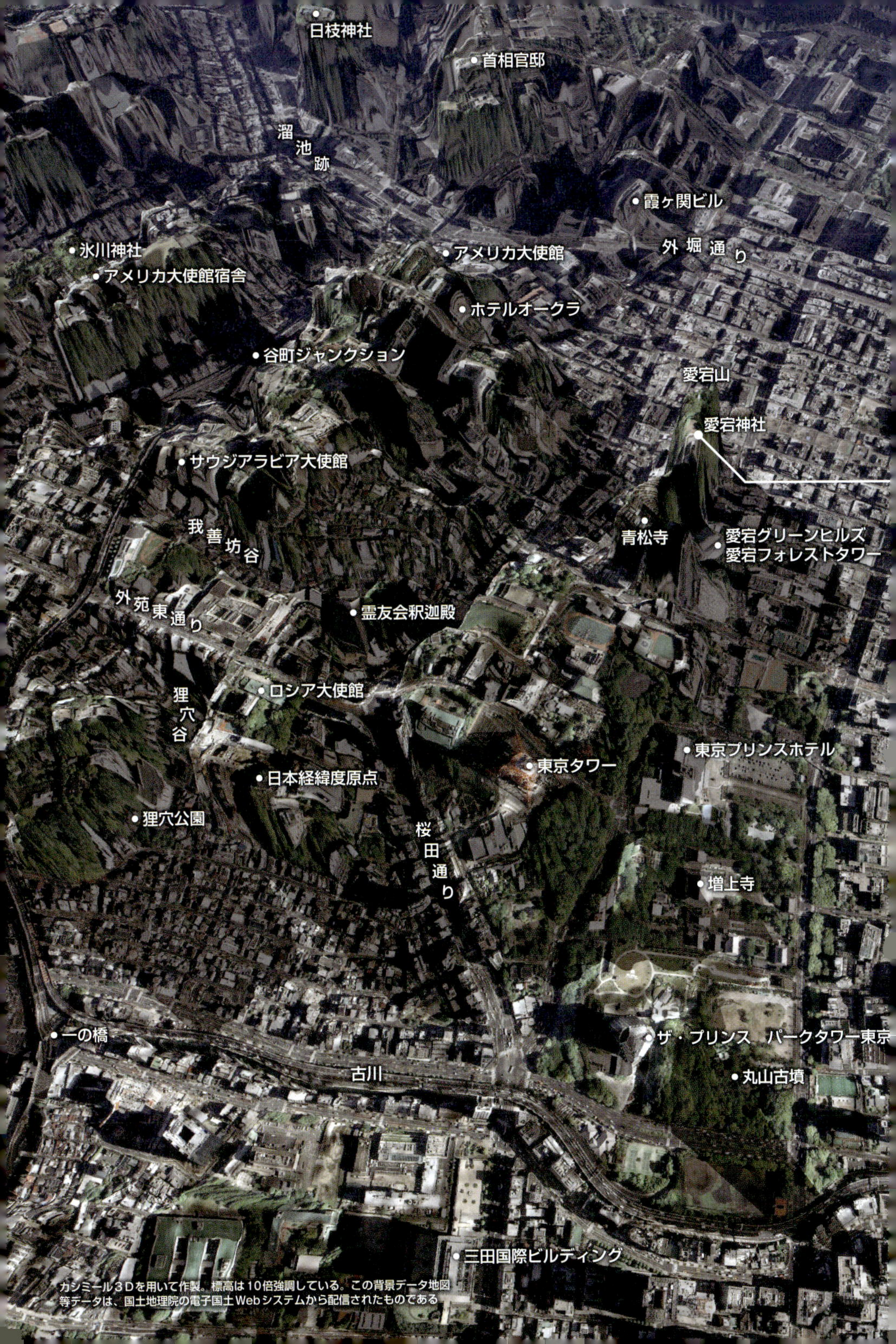

日枝神社
首相官邸
溜池跡
霞ヶ関ビル
外堀通り
氷川神社
アメリカ大使館
アメリカ大使館宿舎
ホテルオークラ
谷町ジャンクション
愛宕山
愛宕神社
サウジアラビア大使館
我善坊谷
青松寺
愛宕グリーンヒルズ
愛宕フォレストタワー
外苑東通り
霊友会釈迦殿
ロシア大使館
狸穴谷
東京プリンスホテル
東京タワー
日本経緯度原点
狸穴公園
桜田通り
増上寺
一の橋
ザ・プリンス パークタワー東京
古川
丸山古墳
三田国際ビルディング
カシミール3Dを用いて作製。標高は10倍強調している。この背景データ地図等データは、国土地理院の電子国土Webシステムから配信されたものである

崖上の眺望

新橋駅烏森口《からすもり》を出て、少し下町ふうの商店とオフィス街を縫い西南西方向に一キロメートルほど歩くと、急に樹木の緑が視界に入ってきます。近づくと、煉瓦《れんが》色のビルの切れ目から、神社の鳥居と急峻な参道が現れる。これぞ、江戸・東京の崖好きなら何度も足を運んだことであろう、愛宕《あたご》神社。鳥居から山頂へと続く八六の石段は、江戸・東京の崖の中でも、屈指の傾斜角度を誇ります（写真1）。

愛宕神社は、慶長八（一六〇三）年、徳川家康の命により防火神を祀《まつ》るために創建されたと伝えられます。一六〇三年とは江戸幕府開府の年。それから二五七年後、桜田門外で井伊直弼《いいなおすけ》を襲った水戸藩の浪士たちは、「勝利の神」としても知られた当神社内の絵馬堂（現存せず）に集結し、祈願ののち、歩いて桜田門に向かったといいます。

山頂は江戸市街を一望できる眺望の名所として知られ、そのため幕末には勝海舟と西郷隆盛の二人がともに山頂に立ち、ともに山を下りて江戸の無血開城が実現したというもっともらしい話も伝わっています。

しかし今日、虎ノ門や御成門まで五～七分という好立地にある愛宕山近隣には、高層ビルが立ち並び、残念ながら、東京を眼下にすることはとても不可能（146ページ、写真3）。

愛宕山は人造の丘か

足腰に自信のない者は尻込みするような急な石段のある愛宕山ですが、「家康が造らせた」とか「古墳だ」といった説も絶えなかったようです。確かに、平坦な市街地に唐突にその姿を現すわけで、ま

写真1　愛宕山男坂の石段

正面からは見上げるような愛宕山の男坂「出世の石段」も、実際に計測してみると、傾斜角度は35度である。ただし86段、比高約20mを一気に直登するのは息が切れる

た山頂に由緒ある神社をいただいているのですから、自然がつくり出したというより、人がつくったというほうがそれらしくインパクトがある。

前述の「坂学会」の重鎮である俵元昭氏も、自著の中で、この問題をとりあげています。同氏は「重ね地図」や「時層地図」の先駆的作品として知られる『港区近代沿革図集』編集の中心人物で、飯田龍一氏との共著『江戸図の歴史』では、版行図を中心に、確認できる江戸古地図をすべて調べ上げて、系統を明らかにした研究者。

昭和五四年に刊行された同氏の著作『港区の歴史』の18ページには、次のような記述があります。

たとえば、愛宕山。これは台地のもっとも東の端になるが、これを人工の山だという説が、かなり根強く唱えられている。

推測と実証と

愛宕山は、人造の山なのか、それとも自然がつくり出した山なのか。決着をつけるのはなかなかに難しい。

例えば二〇〇六年、研究者によって見出された「最古級の実測江戸全図」（当時の新聞見出し）は、『寛永江戸全図』というタイトルで複製出版され、今日そのほぼ全容を目にすることができます。寛永一九（一六四二）年から翌年の記載と推定されるこの古地図には、愛宕山から増上寺にかけての部分が、緑色の細い帯状に描かれています（図1）。

下辺を細く斜め上に走るのは渋谷川下流の古川、図の右手で江戸（東京）湾に注ぎます。愛宕山下を南下し、増上寺の東で古川に合流する細流は、震災復興期に暗渠となった桜川。水路は人工的に改修された形跡があるけれど、この二つの川に画され、愛宕山から古川まではひとつながりのエリアのように見える。そうして、愛宕神社が所在する場所（「天徳寺」という文字の右手）には社殿が描かれ、緑色で表された斜面の下（東）には赤い鳥居がある。右下の「青松寺」は現存します。

しかし、「最古級の実測図」に記載されているからといって、自然、人工、いずれかの証明になるわけでもない。江戸初期の確かな記録類はほとんど現存しないから、結局、決着をつけるためには「山を掘って」みるしかないのです。

前述の俵元昭氏も議論した挙句、最後は愛宕山にあるNHK放送会館建替え時のボーリングコア記録の存在を知って、愛宕山が人工の山ではなく自然地層をもつことを証明できたのでした。

こうして都市伝説のひとつ、愛宕山の人造丘陵説

図１　『寛永江戸全図』のなかの愛宕山
愛宕神社は左上「天徳寺」の右にある、細い半島状のなかに描かれた建物とその下の鳥居で表されている。『寛永江戸全図』（臼杵市教育委員会所蔵）の一部より

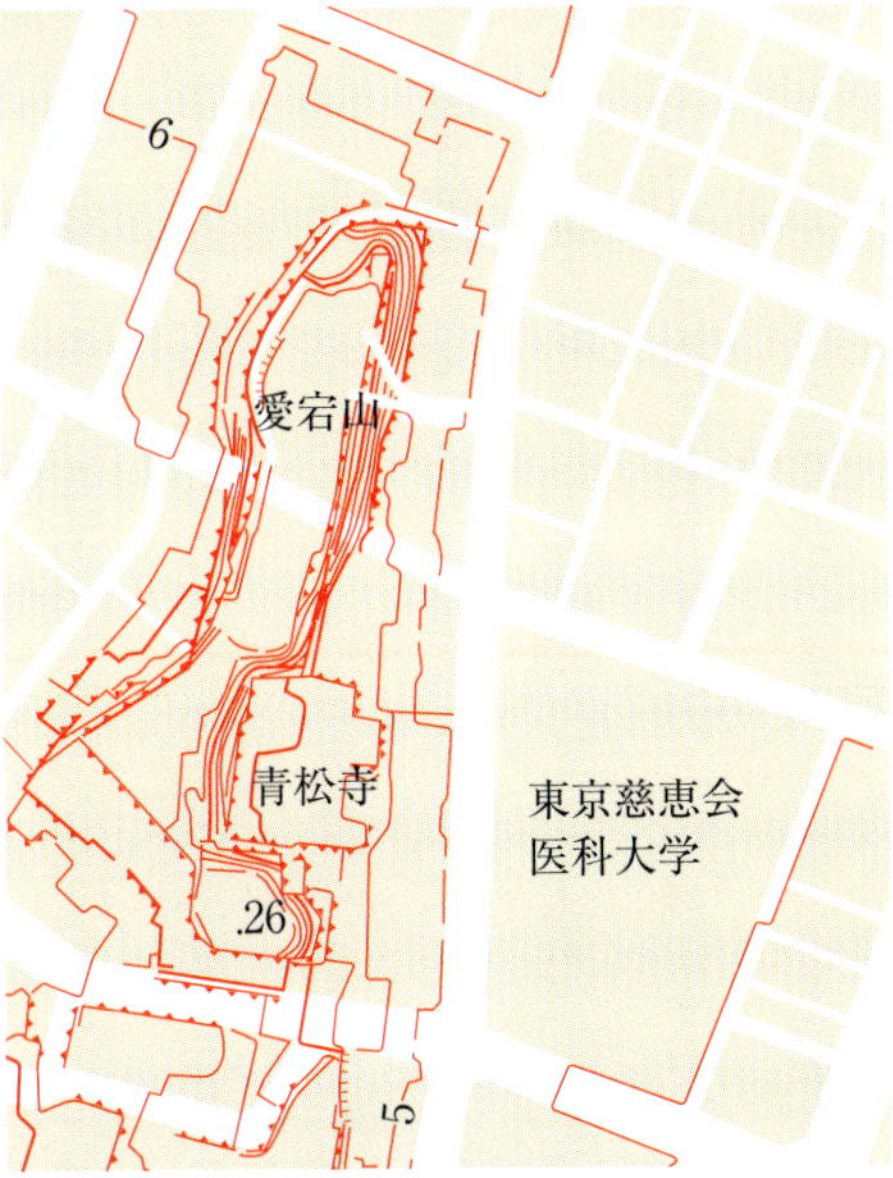

図２　愛宕山付近の等高線
台地東端の海食崖がさらに台地内部から侵食され、北側つまり江戸城に向って突き出した半島状の地形となった。1：10000地形図「新橋」（平成6年修正）の一部（110%に拡大）をもとに作製。赤い線は等高線を示す

はカタがついたのですが、まだ決着のつかない争論はいくつかあって、たとえば浅草は今戸の待乳山聖《まつちやましょう》天《でん》さんの「小山」は人工か自然か、掘ってみるわけにもいかず、まだ謎のままなのです。

愛宕山「登岩」の謎

愛宕神社に上る急峻な石段は「出世の石段」と呼ばれます。その由来は有名な講談話「寛永三馬術」の曲垣平九郎《まがきへいくろう》の故事にちなむもの。

寛永一一（一六三四）年、江戸三代将軍徳川家光が将軍家の菩提寺《ぼだいじ》である芝の増上寺に参詣の折りに、愛宕山上の梅を目にして、騎乗で梅の枝を採るよう命じたところ、四国丸亀藩の家臣曲垣平九郎ただ一人が馬を駆って命を果たし、「日本一の馬術の名人」と讃えられ、その名は全国にとどろいたという。この故事にちなみ、愛宕神社正面の坂（男坂）を「出世の石段」と呼び、多くの人が、この石段を登って願掛けにお参りする。

今日石段を上りきれば右手には三角点があって、標高は二五・六九メートル、東京二三区内の自然地形の「山」としては最高峰を誇るのでした。この崖の石段を、二年に一度の大祭で神輿《みこし》を担いだ大勢の人間が上り下りします。人はいざ知らず、この傾斜を馬で駆け上るのは至難の業のように思えますが、明治以降だけでも三人の猛者《もさ》が成功させているといいます。ただし、寛永一一年当時、現在のような石段は存在しなかった。

前出の『寛永江戸全図』（139ページ、図1）では愛宕神社の鳥居のそばに「登岩」と書いてあるようにみえる。また寛永九（一六三二）年の年記をもつ『武州豊嶋郡江戸庄図』の一隅には絵画表現があって、そこも同様（143ページ、図3）、さらに正保年間（一六四五～四八年）の官撰『武蔵国図』にも「岩山」と記されている（図４）ようにみえるけれど、これらは「愛宕」の崩し字。

一方、江戸の古地図で愛宕山の石段が最初に確認できるのは寛文一〇（一六七〇）年の『新板江戸大絵図』で、そこには「石ダン六十八」とありました（図５）。

実は「文政寺社書上《かきあげ》」には、「芝愛宕山ハ慶長十五庚戌年本社幣殿拝殿閣門石階六拾八段悉御造営あり」と記し（『東京市史稿　市街篇　第三』）、愛宕山の石段は慶長一五（一六一〇）年の完成なのでした。

そもそも愛宕信仰の淵源《えんげん》は、山城・丹波国境にある標高九二四メートルの愛宕山そのもので、社《やしろ》は役小角《えんのおづぬ》と白山の開祖泰澄《たいちょう》によって創建されたと伝えられ、愛宕山天狗の太郎坊という名も知られているように、そこは山岳信仰と修験道の根拠地のひとつでした。だから江戸の愛宕神社にも、信仰が大衆化する以前は自然石が積んであり、ちょっとした修行場か、あるいは岩参道が設《しつら》えられていたとしても不思議ではない。

いずれにしても講談の最盛期は江戸末期から明治時代。しかも文字に固定されたのはその後の話ですから、真偽をきわめることは無意味というものでしょう。

ただし、何度も強調したように、江戸・東京において岩の崖は存在しない。基本は関東ローム層を上層部とした未固結地層が、水のはたらきを受けてできた侵食面。だから仮に、「登岩」や「岩山」と記していたとすれば、信仰あるいは修行のために、わざわざ岩を運び、積み上げ、石垣ならざる登り場を作ったということになるけれど、そうではなかったのです。

愛宕山眺望の謎

さて、生成の人工／自然論議に決着のついた愛宕山。今日では周辺の高層ビルに遮られて「眺望」を望むには既にお役御免となっていますが、かつては見晴らしが丘、下からはランドマーク。ご存じの方も多いと思いますが、日本放送協会（ＮＨＫ）の前身の一つである社団法人東京放送局（ＪＯＡＫ）は、この愛宕山上にラジオ放送局を建設しました。

日本でラジオの本放送が開始されたのは大正一四（一九二五）年七月で、その電波は愛宕山上に新設された局舎のアンテナから送信されたのです。その意味では今日の東京タワーや東京スカイツリーに匹敵するスタンド・ポジションにあったといえるでしょう。

ところで、明治時代の文章家として知られる大町《おおまち》桂月《けいげつ》は『東京遊行記』（明治三九年）のなかで、

右を見れば、石段天に朝す。これ東京第一の眺望ある愛宕山也。（略）山とは云うものの、台地の一端也。南の方のみ森つづきになりて、他の三方、市街の中に孤立す。（略）芝浦よりかけて、下町は更也、山の手の大部分も見ゆ。東京の全市を見渡すと云いても可也。嗚呼、壮なる哉

と記していました。

ここで問題としたいのは「崖上からの眺望」です。周囲に高い建物がないとして、桂月は芝浦から下町はもちろん山の手もほとんど見える、といっていますがどうでしょうか。

ピタゴラスの定理を応用した簡単な「地平線」ないし「水平線」までの距離算出法があり、これを用

図３
『武州豊嶋郡江戸庄図』
（寛永９、1632年、東京都立中央図書館所蔵）にみる愛宕山と増上寺

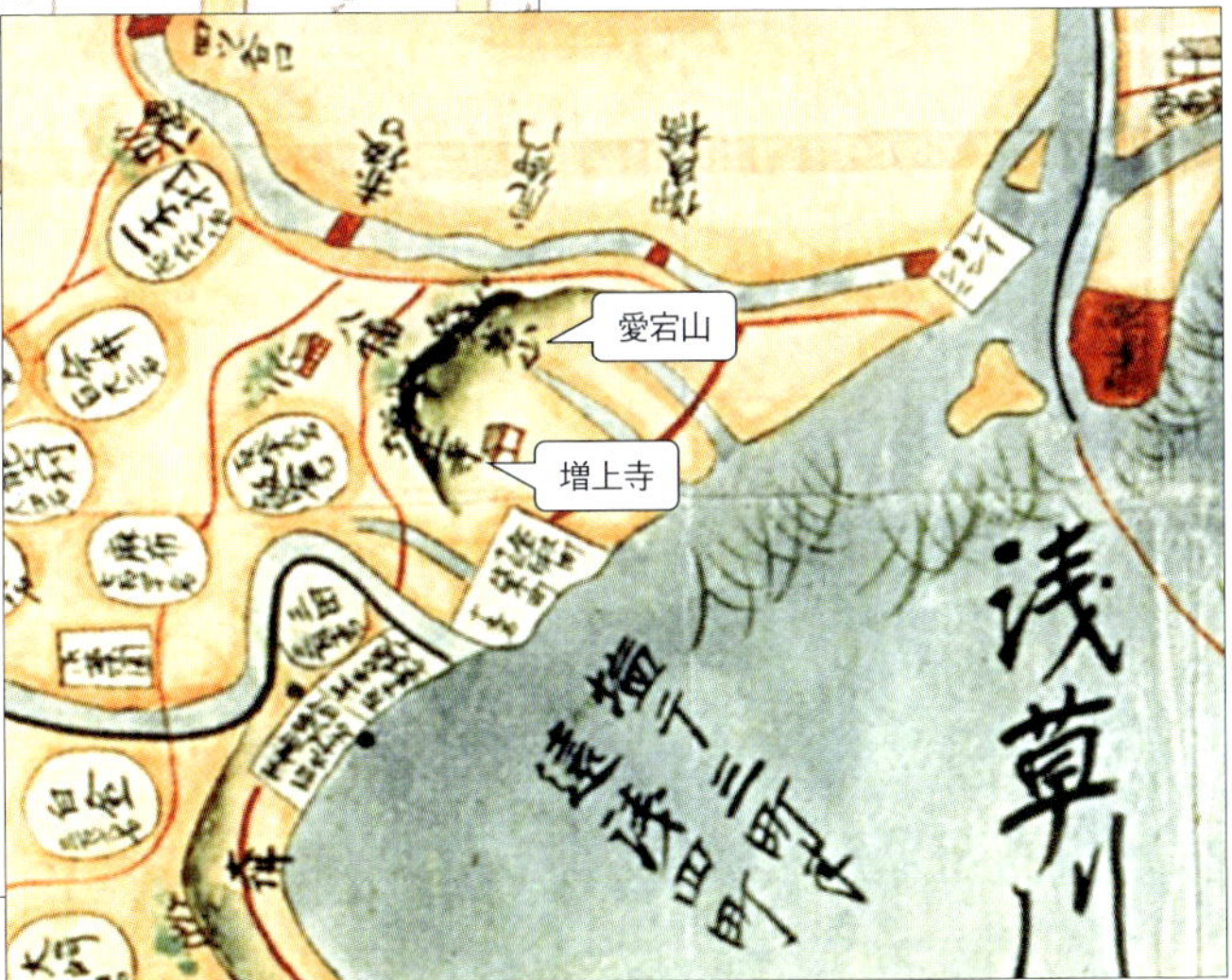

図４　正保年間『武蔵国図』にみえる愛宕山と増上寺

図５『新板江戸大絵図』
（寛文10、1670年）にはじめてみえる愛宕山の石段

写真2
愛宕山から見た江戸のパノラマ （『幕末写真帖』より）
フェリーチェ・ベアト撮影（1863～64年頃）、東京都写真美術館所蔵 Image：東京都歴史文化財団イメージアーカイブ（※一部トリミングをしている）
右下の長屋状の建物は越後長岡藩牧野家の中屋敷（現、港区西新橋3丁目1番、2番、15番）。山頂から東の海側を見る構図

いれば崖上から当時どのへんまで見えたものか、概要がわかるかもしれません。

146ページの図6を見ていただければおわかりのように、地球を完全な球体と考えると、その半径（R）は約六四〇〇キロメートル、半径と地上に立つ人の視点の高さ（H）の和を斜辺とした直角三角形を想定すれば、理論的には「直角三角形の直角を挟む二辺の二乗の和は斜辺の二乗に等しい」という三平方の定理から、地平線ないし水平線までの距離（D）が算出できることになる。

仮に①愛宕山の地点が標高ゼロだとし、視点の高

さを一・五メートルとすると、簡略化された計算式は、$D=\sqrt{2RH}$だから、この場合は五キロメートル弱というか以内。そうして、②今度は山上から見た場合、愛宕山の標高二五・六九メートルプラス一・五メートル≒二七メートルで式から平方根を求めれば、約一九キロメートル先が地平線ないし水平線にあたる。

これらを実際の地点にあてはめてみると、①で東に何もない海側を見たとして、隅田川の河口付近、永代橋《えいたいばし》から相生橋《あいおいばし》（明治三六年架橋）までが視野に収まったはず。逆をいえば、相生橋や永代橋の上から、愛宕山の崖裾が見えたことになります。

②ではもっと彼方、現在の江戸川（旧江戸川放水路）河口、市川市妙典《みょうでん》付近までを眼下にし得た。

北側は陸地だけれど、標高は概ね愛宕山より低いため視線を遮るものはなく、一九キロメートル先、

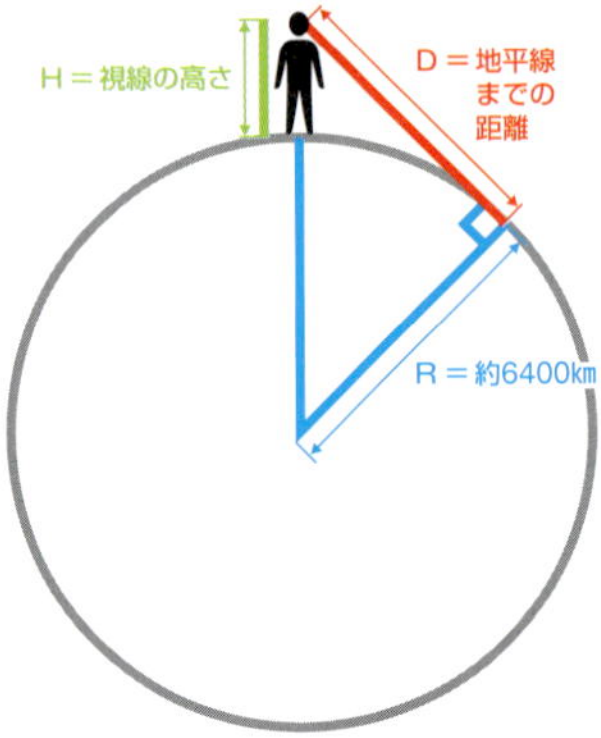

図6
地平線までの距離の求め方

写真3　超高層ビルに埋れた愛宕山
中央の島状の緑の部分が愛宕山。その真ん中にNHK放送博物館の建物が見える。右手のビルは愛宕グリーンヒルズ愛宕フォレストタワー。左手はパークコート虎ノ門愛宕タワー

北は足立区舎人《とねり》あたりまで届いたでしょう。南は多摩川を越えて川崎の北辺が一九キロメートルだけれど、桂月もいうように細い高台がつづいているため、視界はない。また西側は、距離だけからいえば三鷹、調布までいくけれど、神谷町の谷をへだてて、麻布市兵衛町（現六本木一丁目）の台地はほぼ同じ高さ。その先、麻布三河台町（現六本木三・四丁目）や舌状台地の青山墓地となると標高は二八メートルから三〇メートルといった具合に次第に高くなるから、当時芝区の西隣麻布区の東側で視界はストップ。「山の手の大部分」というわけにはいかない。

もちろん東や北のひらけた眺望にしても、お天気やら光線の具合やらで、理論通り見えるとはかぎらない。大町桂月は、江戸時代の画家のように方角を無理やりねじまげるような芸当はしなかったけれど、「嗚呼、壮なる哉」のような文語調文体は、読む者に結構「割引」を準備させるのでした。しかし、割引したところで如何《いか》ほどのものでもない。今日愛宕山頂に立って、彼方見通し得る寸尺のビルの隙間もありはしないのです（写真3）。

愛宕山の急勾配は海がつくり出した海食崖で、その急斜面は海側からみれば、切り立った岬や屏風に見えたでしょう。陸でも江戸城側からみれば、城南に佇立《ちょりつ》するランドマークだったはずです。だから江戸幕府開府の年（一六〇三年）、この山上に防火の神を主祀して神社が設置されたと伝えられるのも十分に肯《うなず》けることでした。

以来四〇〇年、曲垣平九郎のような強力なイメージ・キャラクターも得て、京都が本家の愛宕山にもかかわらず（上方落語に「愛宕山」がある）、江戸っ子には古くからある名所のように親しまれて久しいのでした。

コラム⑭　霊廟の崖

愛宕山を北の頂点とする細長い台地の侵食残丘の全体に目をやると、不思議な形をしている。人為的に整地されたと思われる、愛宕山より南側の地形を明治期の地形図でみてみると（図7）、尾根は古川の谷まで続き、むしろ数字の6か水滴マークのような、下膨《しもぶく》れの形状をしている。江戸時代、この6の字地帯は愛宕神社を北端とし、増上寺東照宮を南端とする、ひとまとまりの「霊域」で、増上寺はそもそも、徳川家の菩提寺だった。

増上寺は、台地の斜面を削平して造営されたと思われる。本殿と寺務所の領域（現在の増上寺境内）をはさんで、南は家康を祀った東照宮と二代将軍秀忠の墓。北にはまた別の徳川霊廟《れいびょう》域を配して、そこには六代将軍家宣、七代家継、九代家重、一二代家慶、一四代家茂の五人とその正・側室、子女、計三〇体以上がその宝塔や廟とともに眠っていた（鈴木尚『骨は語る徳川将軍・大名家の人びと』。鈴木尚、矢島恭介、山辺知行編『増上寺徳川将軍墓とその遺品・遺体』。ともに東京大学出版会）。秀忠廟所は、増上寺徳川墓所ではもっとも広大な施設で、実に増上寺の寺域の二割ほどの広さを占めていた。その秀忠墓所の現在はというと、崖、台地ごとそっくり抉《えぐ》り抜かれ、巨大宴会場にスパ、フィットネス、ボウリング場、駐車場にと、化けていた（写真4）。かえりみれば、増上寺北の徳川廟所もそっくり東京プリンスホテル（一九六四年開業）の敷地に変貌していたのだった。

そもそもこの一帯は、上野公園とならんで明治六（一八七三）年に開設された日本でもっとも古い公園地。秀忠以下、徳川将軍家の人々の遺骸が掘り起こされ、「学術調査」の末、桐ヶ谷葬場で荼毘《だび》に付して、現増上寺域奥の狭い徳川墓所に集合葬されたのは昭和三三（一九五八）年。戦災でそのほとんどが焼失したとはいえ、残されていたとすれば日光東照宮を凌《しの》ぐ世界遺産となったはずの場所の、あまりに素寒貧《すかんぴん》な変容ぶりには、象徴的なものがある。

森厳たる樹木と霊廟群、そして伽藍《がらん》を配したこの一帯の壮麗さをノートルダム寺院になぞらえたのは、島崎藤村の『飯倉だより』（大正一〇年）。ヴェルサイユに比して歎じ、かつ痛切の思いを書き記し、辛うじて往時の「場所」の記憶を伝えているのは永井荷風の小品『霊廟』（明治四三年）。「滄海《そうかい》変じて桑田《そうでん》」ならざる「大伽藍転じて巨大旅籠屋《はたごや》」の態《てい》なのだった。

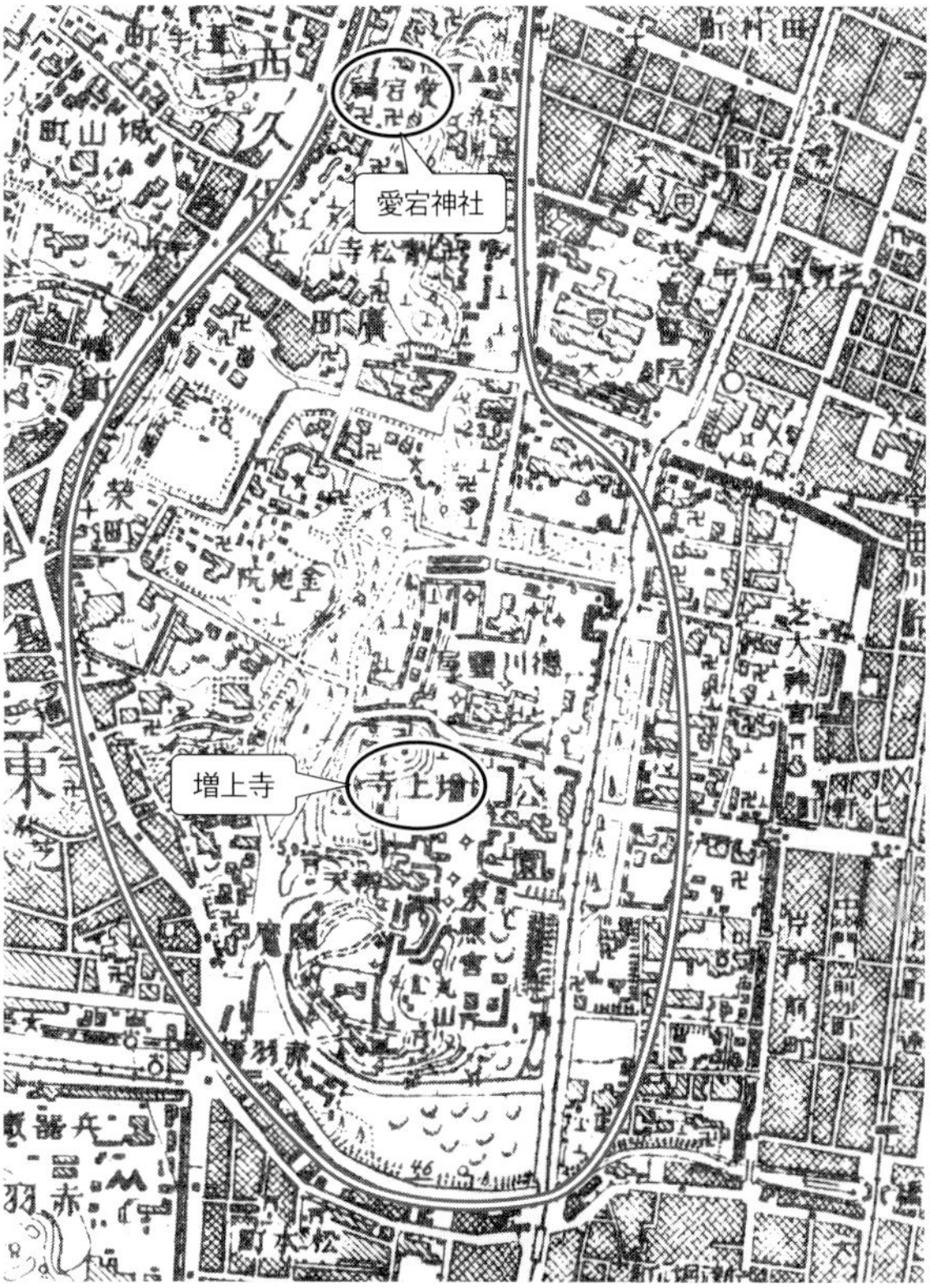

図7　愛宕山から増上寺までの霊域
1:20000地形図「東京首部」（明治42年測図）の一部を125％に拡大。6の字地帯を白ヌキの線で示した

写真4　ザ・プリンス　パークタワー東京
左は、旧台徳院（秀忠）霊廟惣門脇の仁王門の屋根。正面奥はホテルタワー。その下はくり抜かれたホテル駐車場の出入口で、霊廟跡

第10章

「かなしい」崖と自然遺産

——世田谷ほか——

国分寺崖線と府中崖線は、多摩川がつくりだした兄弟崖。江戸初期には国分寺崖線下の湧水を府中崖線沿いに流下させようとした夢のプランがあったという。電力に依存しない上水道計画には、発掘すべき知の遺産と、「かなしい」記憶が隠されていた。

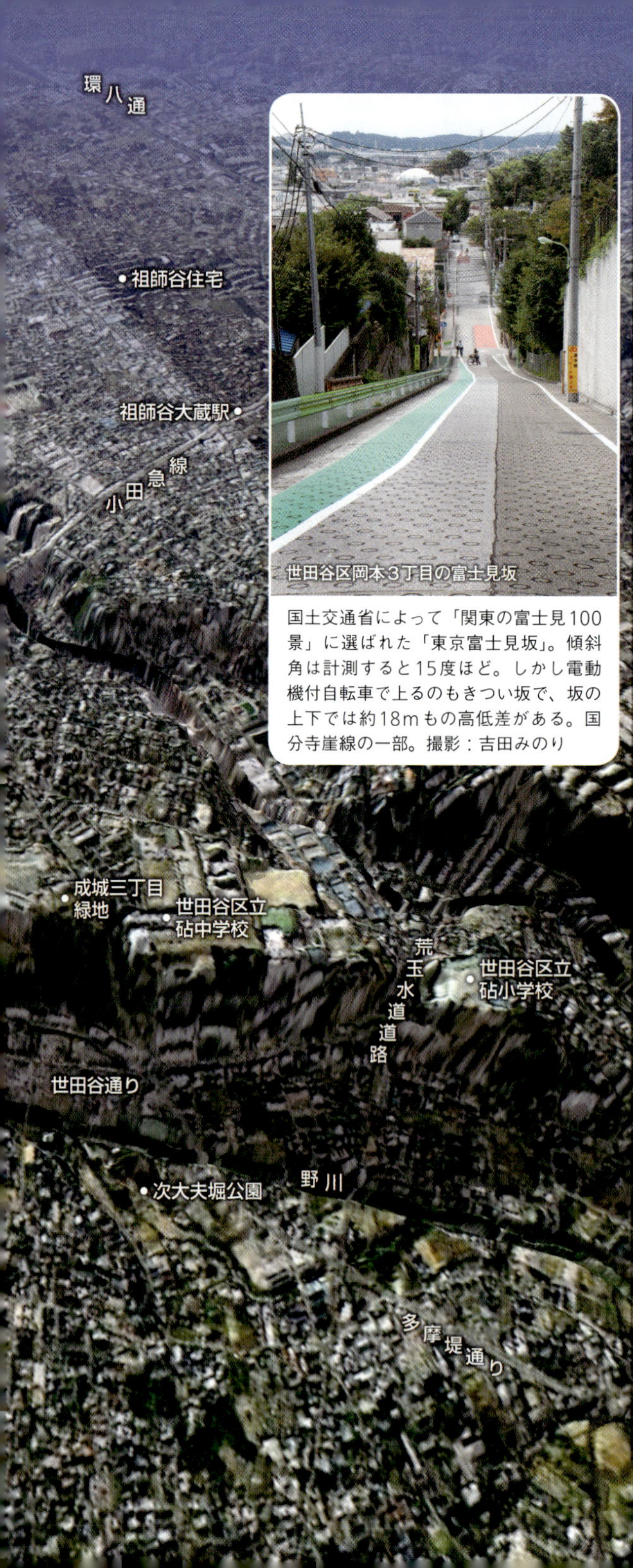

世田谷区岡本３丁目の富士見坂

国土交通省によって「関東の富士見100景」に選ばれた「東京富士見坂」。傾斜角は計測すると15度ほど。しかし電動機付自転車で上るのもきつい坂で、坂の上下では約18ｍもの高低差がある。国分寺崖線の一部。撮影：吉田みのり

スカイビュースケープから配信されたデータを用いて、カシミール3Dで作製。標高は10倍強調している。航空写真はアジア航測と中日本航空株式会社の共同版権データである

カシミール3Dを用い、石川初氏の「5mメッシュ東京スペシャル」のパレット設定を使用して作製。国土地理院発行の「数値地図50mメッシュ(標高)」を使用した

武蔵野台地南辺の長大なcliff line(崖線)

武蔵野台地の南辺は多摩川がつくりだした河岸段丘の崖線がつづく。多摩川の右岸の多摩丘陵は古い海成層(多摩面)で侵食が激しく、複雑な谷を刻んでいる

国分寺崖線の「ノゲ」

国分寺崖線はローカルにして学術的地形・地質用語（命名については207ページ参照文献2『崖線』考　その1・2」参照）ですが、東京にあっては比較的知られた言葉です。だから、都心からは離れるけれど、その概要からまずは探っていきましょう。

今日、言葉の上では東京の崖の代表のような国分寺崖線ですが、ＪＲ国分寺駅近くで「崖」らしい場所を探しても、中小のビルや住宅で占められた街なかにそれを見つけるのは難しいでしょう。

海食崖ではなくて、多摩川の河岸段丘。しかも鉄道路線が崖下に沿っているわけでもないから、地上からの見た目には「日暮里崖線」ほどのスペクタクルにも欠ける面がある。

今日では国分寺崖線の下方にさらに府中崖線があり、崖の生みの親である多摩川はさらにその先を流れています（図1参照）。

国分寺崖線について、『東京の自然史』は「立川の北東にはじまり、中央線を国立駅の東で横切って、国分寺、東京天文台、深大寺《じんだいじ》を通り、成城学園をへて二子玉川へとつづく高さ一〇～二〇ｍの崖である」とし、図２（154ページ）のような断面図を示しています。

しかしよほどの「崖好き」で、わざわざそれと出向くほどの人でないかぎり、こうして用語や概念として成立しながら自然露頭が少ない国分寺崖線を目にしても、「これがそうか」と納得する機会はないでしょう。繰り返しますが、なにせ崖は街なかに隠れているのです。

二〇〇九年二月二七日に放映された『タモリ倶楽部』は、〝国分寺崖線をゆく!!〟趣向で、「桃栗３

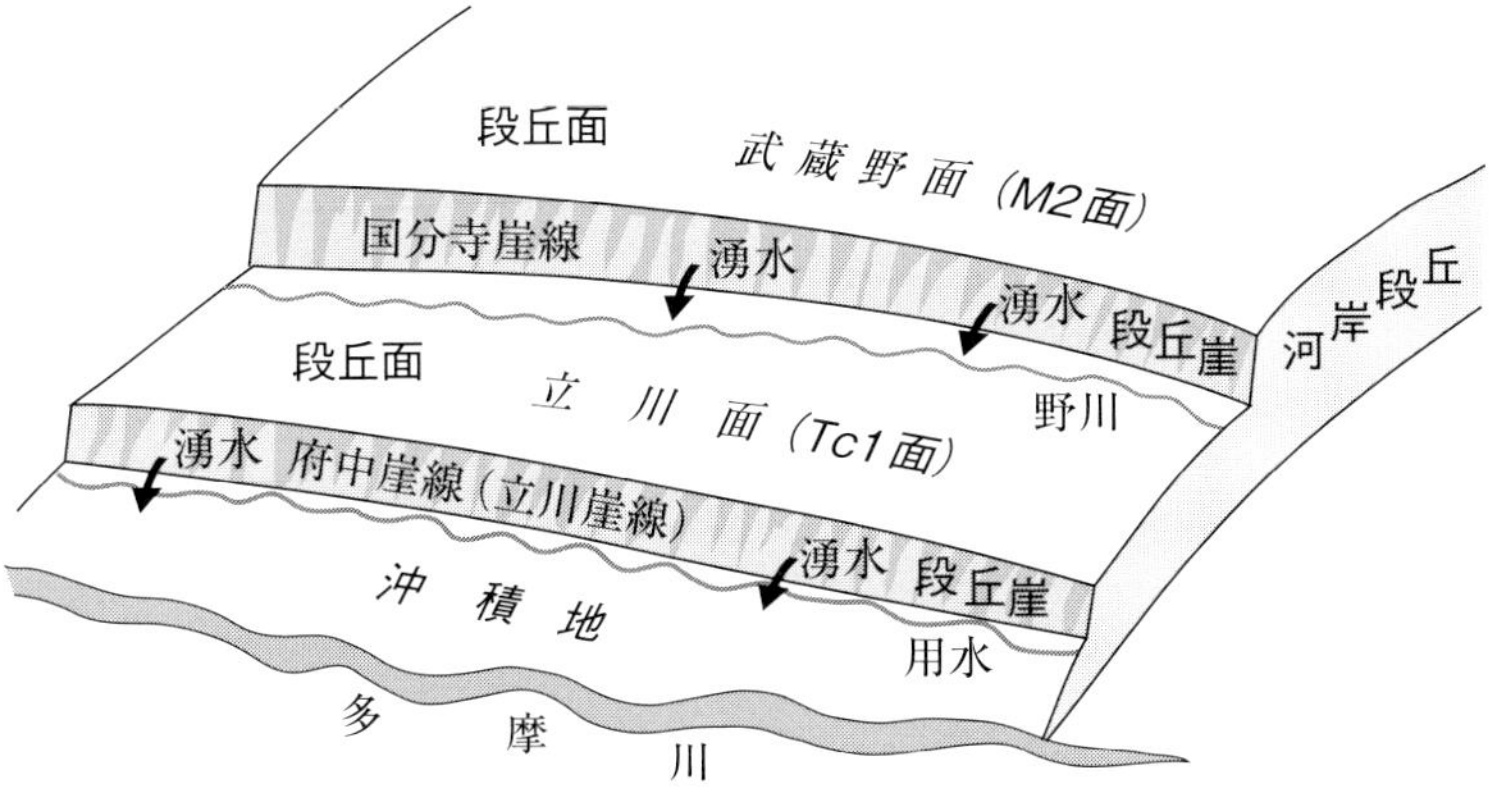

図1　国分寺崖線と府中崖線

年　崖10万年」というタイトルを掲げ、筆者もゲスト出演したから覚えておられる方もいるかもしれません。その時まわったのは世田谷区内。成城学園前駅の南、湧水池としても知られる「成城三丁目緑地」から始めて、世田谷区岡本三丁目の坂（150ページの写真参照）、野毛《のげ》三丁目の坂と湧水池跡、そして等々力《とどろき》渓谷の四ヵ所でした。

　このうち、目で見て確かに「崖」といえるのは成城三丁目緑地（154ページ、写真1）と等々力渓谷（155ページ、写真2）で、あとは崖の変化した「坂」。けれどもこれらは、地図の上ではつながって「線」として認識される。国分寺崖線が学術用語である所以《ゆえん》です。

　断っておきたいのですが、『タモリ倶楽部』の番組タイトルは「崖10万年」でしたが、国分寺崖線の生成は「10万年」ではない、ということです。

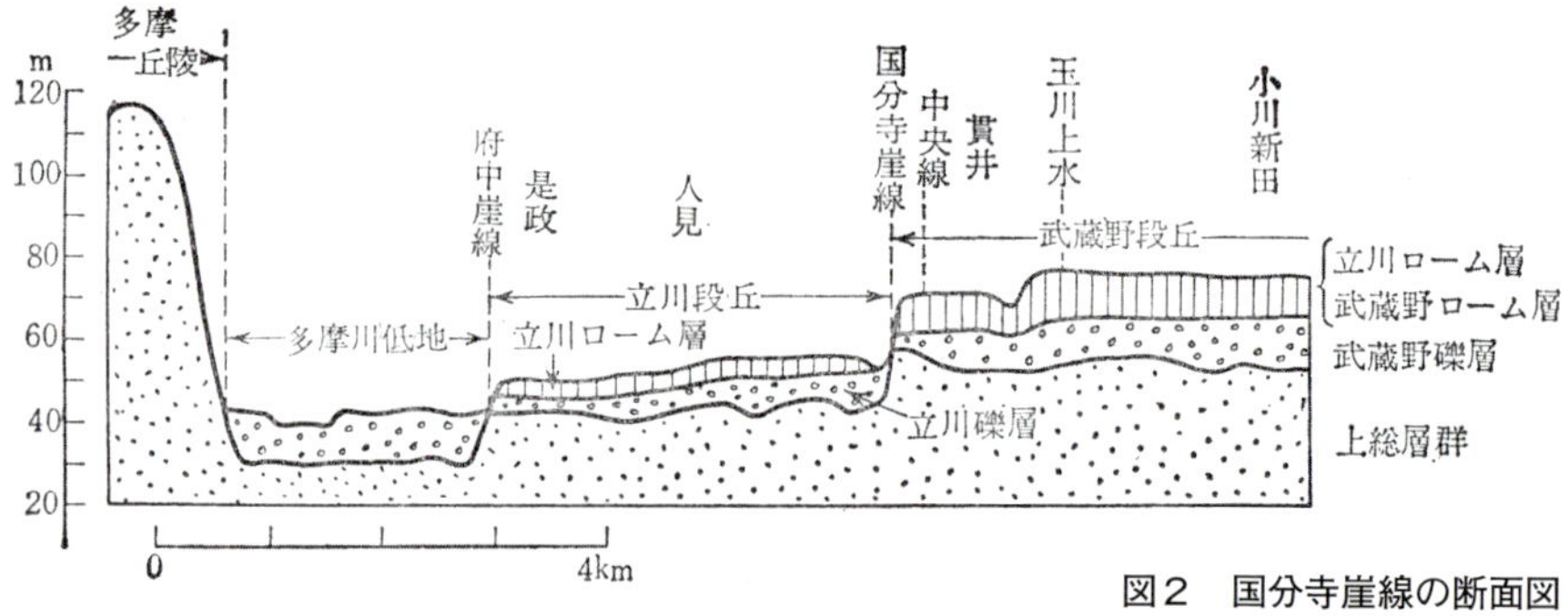

図２　国分寺崖線の断面図

貝塚爽平著『東京の自然史』（講談社学術文庫、82ページより）

世田谷区の国分寺崖線のうち、誰がみても「崖」と言うのは、この地と等々力渓谷（写真２）か

写真１　成城３丁目緑地の崖（撮影：吉田みのり）

写真２　等々力渓谷
国分寺崖線下からの湧水地点が数多く確認される（撮影：吉田みのり）

国分寺崖線は、図2のように武蔵野面と立川面の境に存在する急斜面で、それは多摩川の侵食によって形成されたものでした。武蔵野面はその形成時期によってM（武蔵野）1面からM2面、M3面に細分されますが、それぞれ約一〇万年前、八万年前、六万年前にかたちづくられたというのが定説。

こうした年代は、おもに地層の層序と生物痕、降り積もった火山灰の年代等から割り出されます。番組では何故か、崖生成に関して武蔵野面の、それも古いほうのM1面の形成年代の数字を採用し、NHK「ブラタモリ」でもそれを踏襲していた。しかし国分寺崖線の上はM2面、下にあるのは立川面のTc1面という約四万年前に形成された層だから、国分寺崖線の形成期間はM2面の八万年マイナスTc1面の四万年で、四万年以下が正しい。筆者は収録打合せ時に「一〇万年はないよ」といったのでしたが、そのままとされたのは残念でした。一〇〇年以上生きることの稀なヒトの感覚としては、四万年も一〇万年も同じようなものかも知れません。でもそうすると極端な話、マンモスも恐竜もアンモナイトもいっしょくたに「ン万年前」に放り込まれてしまう。ちなみに四万年前は縄文時代ではなく、旧石器時代。そうして日本列島の各地から出土し、確実なものと認められている数多くの旧石器類は、約四万年前からはじまったとされる後期旧石器時代のもので、国分寺崖線の生成と列島の旧石器時代の画期はパラレルなものだったのです。それは関東ローム層のもとになった火山灰がさかんに降下していた時期でもありました。だからやはり「桃栗三年　国分寺崖線四万年」と、語呂は悪いけれどもあらためて訂正しておく必要があるのです。

さて、同番組では三番目に登場した、世田谷区の等々力渓谷西側の「野毛」ですが、住居表示としては「野毛《のげ》」と「上野毛《かみのげ》」の二ヵ所あり、「野毛」は一丁目から三丁目、「上野毛」は一丁目から四丁目をもつ結構な広域地名です。

実は多摩川を隔てた川崎市高津区にも「下野毛《しものげ》」があり、こちらも一丁目から三丁目まである。まずは慶安元（一六四八）年の多摩川氾濫《はんらん》によって流路が変化し、さらに明治四五（一九一二）年の府県境界変更により右岸側が神奈川県に編入された結果、「野毛」の名の付く地域がこのように広がったという、話のネタになりそうないきさつです。

この「野毛」の地名は、ノケ（退け・除け）やヌケ（抜け）と同根で、『地名用語語源辞典』が「ヌケの転で、『崩壊地形、浸食地形』をいう。とくに『崖』を指すことが多い」とするように、多摩川の侵食による急斜面形成作用を指した「崖言葉」のひ

写真3　野毛2丁目の崖
奥に見えるのは二子玉川ライズタワー

写真4　野毛大塚古墳
武蔵国の古代初期権力を象徴する「荏原台古墳群」のひとつ。古墳の多くは段丘崖の縁につくられる

とつ（16～17ページ参照）。それが国分寺崖線の一部地域の地名として今日に伝わったものでした（157ページ、写真3）。

この崖の上には、「野毛大塚古墳」（最大級の「帆立貝式」前方後円墳）が現存し（157ページ、写真4）、国分寺崖線の終着点に構築された大田区田園調布の多摩川台古墳群と併せ「荏原台《えばらだい》古墳群」を形成していました。多摩川を見下ろし、かつ多摩川およびその対岸地域から仰ぎ見られる、国分寺崖線上の古墳が威容を誇った時代が、古代初期の武蔵の国に確かに存在したのです。

崖の精・池の精

ところで崖や坂、古墳のほかに、この野毛地域で注目すべきは、「崖の精」ならぬ崖からの湧水に涵《かん》養《よう》された「池の精」なのでした。造園史学者の田中正大《まさひろ》氏は次のように述べています。

> 明神池《みょうじんいけ》は幻の池になった。私は昭和三〇年代、世田谷区玉川中町に住んでいた。最寄り駅は東急大井町線・上野毛駅である。西に国分寺崖線が北から南に走り、その下は多摩川であった。
>
> 散歩は多摩川へ向うことが多かったが、河原へ下りる道は二つあった。一つは多摩美大の横を経て、五島美術館の下にいたる道、もう一つは上野毛駅からまっ直ぐ進んで稲荷坂を下る道である。崖線の下には六郷用水（丸子川）があり、この橋を渡ると四〇〇メートル位で多摩川の土手につく。何時もは、河原に下りてうろうろして帰るのだが、或る時、少し足をのばしたらしい。そこで、ぶつかったのが明神池である。その時の映像ははっきりしないのだが、ただただ感動した。こんな素晴らしい池が、こ

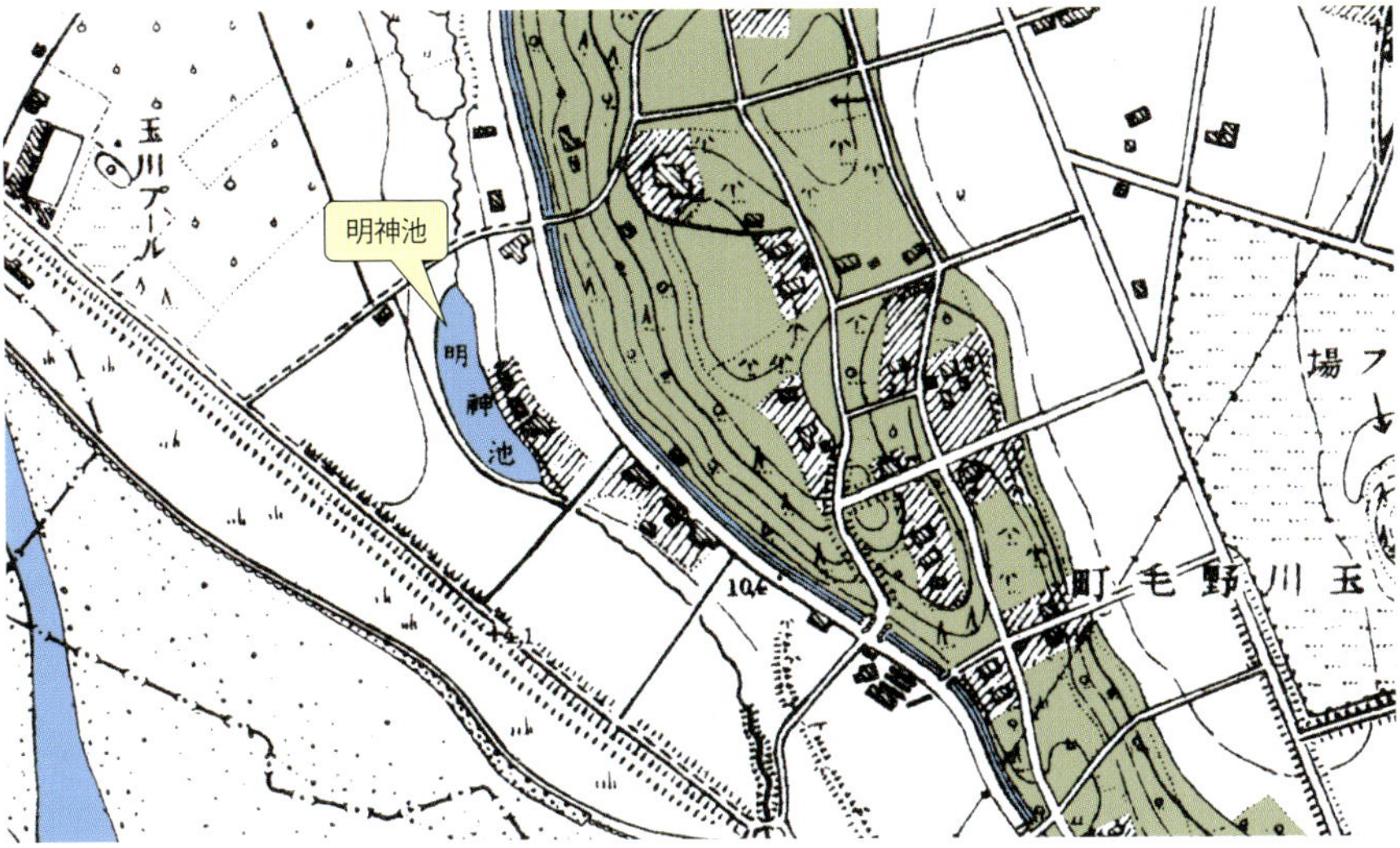

図３　国分寺崖線下の明神池

国分寺崖線は樹木や竹に覆われた緑の帯。この図の右手すぐに、野毛大塚古墳と等々力渓谷がある。
1:10000地形図「二子」（昭和12年修正）の一部（地図の一部を着色した）

こにあるんだと不思議な気がした。夕やみが迫っていた。もっとよく見てみたいという思いを楽しみに帰途についた。そして、次に行った時は、既に池は消えていたのである。埋め立て中とか、工事の跡が残っているというのでもなかった。跡形もなく消え去っていたのである。池を見たのは幻であったかのように。しかし、存在したのだ。明神池という名前もあると、後で知った（『月刊Collegio』二〇〇七年六月）。

明神池は国分寺崖線下の湧水が注ぐ、多摩川の氾濫原（川原）上の三日月形の池（図3）。確かにあった水面が音もなく消えたというのはミステリアスな話ですが、そこは昭和三五（一九六〇）年に住宅地に変容したといいます。いずれにしても田中氏が池を見たのはその前だったはずです。氏は続けます。

明神池は消えたが、龍神様が祀られているという。『お告げ』があったというのだが、私には単なる幻想とか、つくり話とか、とても思えなかった。（中略）明神池がなくなってから、付近に火災等があいついだ。／明神池の祟りではないかとおそれられた、ともある。神秘的な明神池をつぶすことに、人々は心の傷みを感じていたのである。祟を鎮めるために神社をつくるのは、神社創立の一つのパターンである。

実際のところ、土地の古老の夢枕に龍神が立ったといいます。人々は浄財《じょうざい》を持ち寄って祠《ほこら》を建てた。その由来を記した看板が、現在も住宅地を貫く緑道のすみにひっそりとたたずんでいます（世田谷区野毛三丁目一六番）。

国分寺崖線の番組でしたが、住宅地区に残された池の岸跡、すなわち崖線ならぬ五段五九センチメートルの段差（写真5）と祠（写真6）もロケしてもらうことができました。段差には車止めが設置され、その一部は五段のコンクリート階段で人が通れるようにしてあるので、知らない人が見れば「ナニコレ物件」かも知れませんが、「場所の記憶」の物証としては、きわめて貴重。車が通れないだけにコミュニティ道路としても、逆に貴重。祠ともども、これまた価値ある「風景」なのでした。

ところで現地を移動中に、祠のお向かいの家の方が庭先から声を掛けてきて、「そりゃあきれいな水だった。潜ると、底からブクブクと水が噴き出しているんだな。水泳も覚えたし、魚もいろいろ獲ったものだ……」と語ってくれたのでした。

地霊がゲニウス・ロキ（Genius Loci）なら、龍神は池の精霊ゲニウス・ラクス（Genius Lacus）と

写真５　池跡の段差

（撮影:吉田みのり）

住宅地区に残された、明神池の岸跡は高さ59cm

写真６

野毛３丁目16番の龍神様

（撮影:吉田みのり）

「場所の記憶」を物語る貴重な「風景」

なるでしょうか。地霊も池霊も、人が生まれ育ち、暮した場所の記憶の集合体であり、また同時にひとりひとりの生の「根所」でもありました。人が記憶に刻んでやまない「地景」がたしかにあるのです。

崖の変容

さて、その池の精霊を生んだ国分寺崖線の地元、国分寺市の国分寺崖線をここで紹介しないでは落度というものでしょう。

野川のすぐ上位にある殿ヶ谷戸《とのがやと》庭園（写真7、8）の周辺には、急傾斜地崩壊危険箇所（128ページ参照）が一一ヵ所もある。もちろん殿ヶ谷戸庭園は傾斜地ではあるけれども、さすがに崩壊の影響ある人家がないため、危険箇所とされているわけではない。

写真9は、国分寺市南町二丁目の、通称「丸山」と呼ばれる侵食残丘の端、つまり国分寺崖線の崖縁から南側を撮影したもので、家々の間の開けた眺望は、階段があるためです。傾斜角二〇度のこの階段は総計一〇二段、段の蹴上幅が約一三センチメートルだから、比高は一三メートル以上あります。眼下に見えるのは野川を越えて立川段丘面の国分寺市東元町および府中市の市域。晴れていれば多摩川対岸の多摩丘陵も撮れていたかもしれない。

写真10は写真9から北のエリアを撮影したもので、東にあたる写真奥の緑地は東京経済大学のキャンパス。奥に湧水地点（写真11）があり、それを大事に整備した元学長の北澤新次郎氏にちなんだ「新次郎池」が所在します。都内では王子の滝や広尾の有栖川宮《ありすがわのみや》記念公園の池、吉祥寺の井の頭池も元来は湧水池でしたが、宅地化や都市化によって湧水源が涸渇した結果、結局ポンプに依存し、循環水や深井戸の汲み上げ水によって水面を確保している。

写真８　野川の源流付近

殿ヶ谷戸庭園のすぐ南に位置する野川は、国分寺崖線とは不即不離の関係。多摩川の名残川であり、国分寺市東恋ヶ窪１丁目に発して西武国分寺線とＪＲ中央線の下をくぐり、国分寺崖線の湧水を集めながら、世田谷区玉川１丁目で多摩川に注ぐ一級河川

写真７　都立殿ヶ谷戸庭園

国分寺駅前の国分寺崖線の湧水を生かした回遊式庭園として知られる。もともとは三菱財閥創業者の直系岩崎彦弥太が、幹部社員の絵口定条（後の満鉄副総裁）からその別荘を買い取って手を入れたもの。通常は、旧岩崎邸と呼ばれている。国指定名勝

写真10　国分寺崖線の下に沿う道

写真11　東京経済大学キャンパス内の湧水池

写真９　国分寺崖線の崖縁から南を望む

この階段は総計102段、崖高は13m以上ある。晴れていれば多摩丘陵も見えるのだが……

写真12　崖の変容（3点とも）

崖はビルとビルの隙間に潜み、車庫や階段、擁壁に変容している。これらの住宅地はいずれも東京都の急傾斜地崩壊危険箇所に含まれる、いわゆるイエローゾーン

オールシーズンではないにしろ、新次郎池の湧水がいまなお涸れることがないのは、ある程度広がりをもった台地上の雨水浸透地（ここでは大学キャンパス）が確保されているからでしょう。

さて、国分寺崖線の「本場」国分寺市内の崖は、建物の合間に隠れ、擁壁に変容しているので、私たちはそれが崖だと意識しないで通りすぎるのが普通です（写真12）。

方角を変えて、ＪＲ国分寺駅南口から多喜窪《たきくぼ》街道を西へ、二・四キロメートルほど行くと、国立市との境に至りますが、そこが有名な多摩蘭坂（たまらん坂とも表記、167ページ、写真13）。かつては黒井千次氏の短編小説の題名（『たまらん坂　武蔵野短編集』講談社文芸文庫）で知られていた程度でしたが、それが一躍「有名」になったのは、国分寺で育ってソウルな主張のミュージシャンとして活躍し、二〇〇九年五月二日五八歳で亡くなった忌野清志郎《いまわのきよしろう》（本名・栗原清志）の曲によってでした。

多摩蘭坂のある多喜窪街道は、昭和六（一九三一）年までは台地上の道で、現在のＪＲ武蔵野線を越えたあたりから国分寺崖線に並行して北西に上り、五日市街道につながっていたといいます（167ページ、図４）。だから、多摩蘭坂の誕生も、昭和六年より前にはさかのぼらない。

ここで推測を加えれば、「多喜窪」という名の原形は「滝窪」であって、その滝窪とは「街道」がまたぐ野川の谷の一部を指したと思われることです。野川の源流のひとつは、崖上の台地面（武蔵野面）から湧出し、崖を刻んで崖下の湧水に合流していました。そう遠くない時代、武蔵野のあちらこちらに、斜面を下る大小の水流（滝）は、普通に存在していたのです。

もうひとつの崖――府中崖線

図2(154ページ)に記載されている、国分寺崖線下のもうひとつの崖である府中崖線は、またの名を立川崖線ともいい、羽村市の小作《おざく》から国分寺崖線の西南側をほぼ並行して下り、立川市、府中市、狛江市の南部を経て世田谷区の喜多見まで、三〇キロメートル以上つづく段丘崖。延長距離はいずれもそれほど違わないものの、成立年代は府中崖線の場合、約一万年前頃と推定されています。当然ながら段丘下位の府中崖線のほうが新しい。

崖の成因について旧来は、地盤の隆起や沈下による河川の侵食力の変化によるとされてきたものが、最近では、多くが二万年前の最終氷期極相期に向かう海面低下(約一三〇メートル)によるものと考えられています。ただし、府中崖線の場合は雨量変動による河川の侵食力の増大があったと考えられているようです。いずれにしても大きな気候変動が、崖をかたちづくったわけですね(36~37ページ参照)。

府中崖線は国分寺崖線に較べて地味な存在かもしれませんが、「体操詩集」で知られる詩人の村野四郎(一九〇一年~七五年)の生家(旧多磨村上染屋《たまむらかみそめや》、現府中市白糸台《しらいとだい》)と学び舎《や》(旧府立二中、現都立立川高等学校)の近くを通っていたこともあり、彼の作品には、たびたび登場したのです。

一方国分寺崖線にまつわる文学作品の代表は、何といっても大岡昇平の『武蔵野夫人』でしょう。大岡の作品はこのほかに『レイテ戦記』『野火』『幼年』『少年』など、「地形」や空間配置の記述が詳細で、それらがきわめて重要なファクターとして機能していることは、多くの人が指摘していることです。

写真13　多摩蘭坂（2点とも）
坂は国分寺市側から国立市側に下る。この坂は典型的な切通し坂で、しかも新しい坂である

図4　多喜窪街道と多摩蘭坂
地図上、標高80mラインを主体とする国分寺崖線は、東側の国分寺市と西の国立市との境界線でもある。崖を上り下りする道が開削されると崖線は変形し、道脇に切通し崖が出現する。1:10000地形図「国分寺」（平成11年修正）の一部を約193%に拡大

府中崖線の「かなしい坂」

前述のように一般にはその名を知られることの少ない府中崖線ですが、玉川上水と府中崖線にまつわる「かなしい坂」の話はもっと知らない人が多いかも知れない。

京王線多磨霊園駅から南へ三五〇メートルほど、ゆるやかな坂を下ると、「聖将山東郷寺」という日蓮宗のお寺があります（図5）。軍人さんを思わせるその寺号はまさしく日露戦争の日本海海戦で名をはせた東郷平八郎に由来し、その別荘を寺としたもの。十数段ある山門の石段は、ここが府中崖線の一部であることを示しています（写真14）。しかし問題は寺ではなく、その北側に立てられた府中市の標柱で、傍《かたわ》らの坂に関して述べているのです。曰く「かなしい坂」と。標柱に書かれた由来は次の通りです（171ページ、写真15）。

この坂の由来は、玉川上水の工事と係わりがあるといわれています。玉川上水は、はじめ府中の八幡下から掘り起こし、滝神社の上から東方へ向かい多磨霊園駅の所を経て神代あたりまで掘削して導水しましたが、この坂あたりで地中に浸透してしまったといわれます。責任を問われて処刑された役人が「かなしい」と嘆いたことからこの名があるといわれます。

この時の堀は、今も「むだ堀」「新堀」「空堀」の名で残っています。

八幡下（図5の左上、図外）から滝神社上（171ページ、写真16）、そして多磨霊園駅の手前あたりまでは、まさしく府中崖線の縁をたどるルートだか

写真14　聖将山東郷寺山門

正面に見える石段が、府中崖線の一部をあらわしている

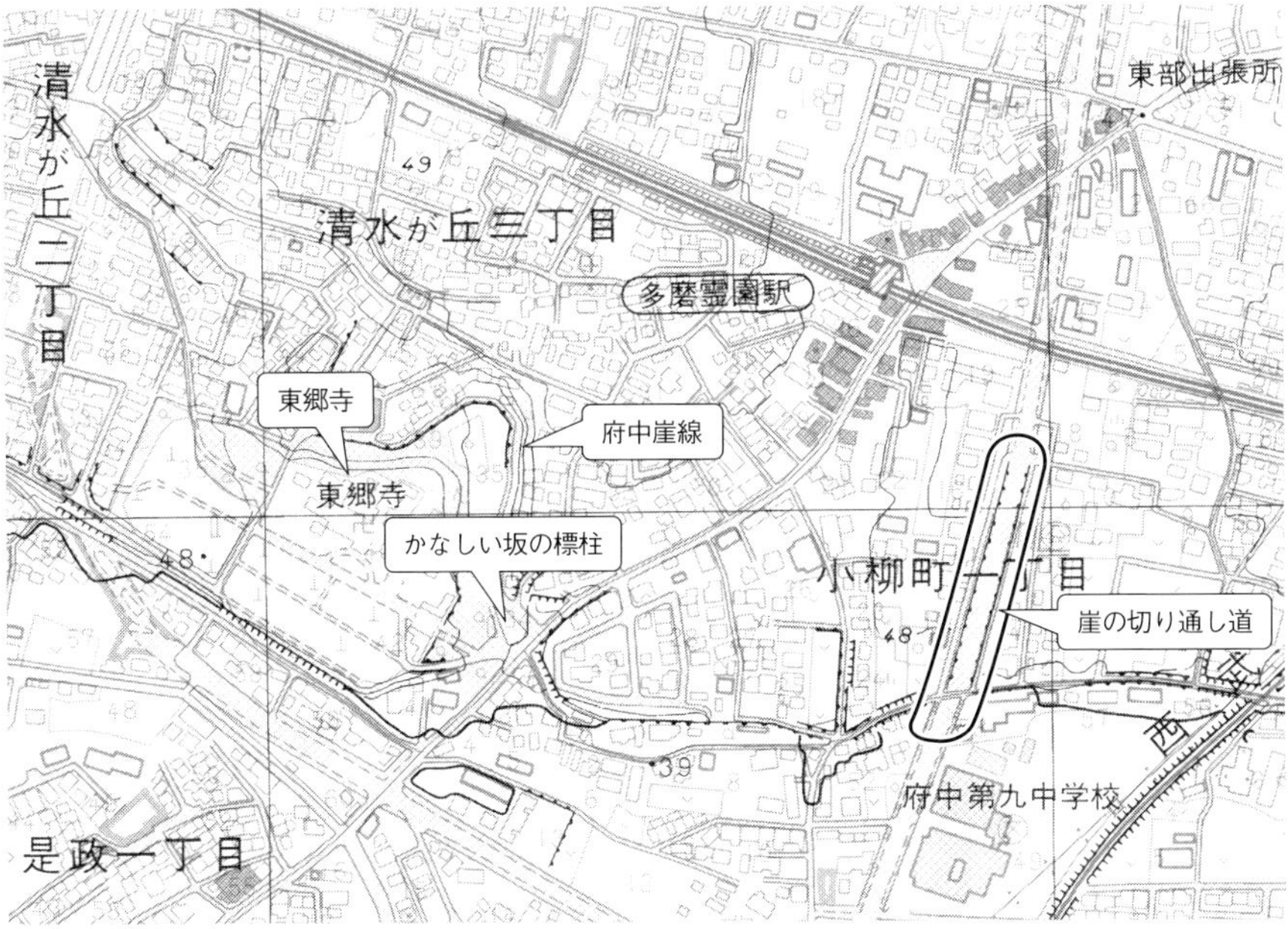

図5　多磨霊園駅付近の地形

1:10000地形図「調布」（平成11年修正）の一部を143％に拡大。
右下に府中第九中学校と崖の切り通し道、左手に東郷寺がみえるら、水を自然流下させることにさして問題はないと思われます。けれどもそこから北に向かい、神《じん》代《だい》（図5右上、図外）まで行くには崖縁を離れて甲州街道をクロスしなければならないし、標高の微妙なありようで大変に難しいコースとなる。水が土に吸いこまれたのではなく、水がそこから先に流れなかった可能性のほうが大きい。

「かなしい坂」については、石川悌二著『江戸東京坂道事典』の「池の坂」の項に、これとは別の話が掲げられています。

国分寺市東元町の野川の北岸、二六番と二七番の間を北上する坂で、上のほうで三つまたに分かれるがまっすぐに上ると、国分寺駅南口通りと出合う。坂下の左右、つまり野川の沿革は住居表示施行までは押切間という地名で、玉川上水の失敗の跡である。玉川上水を江戸へ引く計画というのは、はじめ野川の流水をこの坂のやや東でせき止め、これに国分寺の近くの真姿の池から流れ出る細流を合せて溜池をつくり、南方府中に掘った新堀へ導こうというものであった。しかし、その溜池の堰が大雨のために決壊して一帯は大水害をこうむり、決壊の跡を「押切間」とよぶようになったという。

このため上水計画を変更せざるをえなくなった結果、徒労に帰した府中の新堀のあたりは「かなしい坂」とよばれた（『府中の郷土誌』）という。

かなしい坂の由来が、責任者処刑にあったのか、徒労を嘆いただけで済んだものか、はたまた失敗の原因が土中水失であるのか、大雨による破堤であるのか、これら二つの引用文のかぎりでは言い伝えが異なり、対照的でさえあります。しかしながら、初

写真15
府中市のかなしい坂
の標柱

写真16　滝神社の北鳥居

滝神社の北鳥居は府中崖線崖縁の道端で、神社は崖裾近くにある。かつては文字通り、湧水が滝のように流れ出していたのであろう

期江戸上水のプランが、国分寺崖線下の湧水を府中崖線沿いに流下させようとしたもの、という二つの話に共通する伝承自体、大変に興味深い。

二つの崖線に着目し、それを連結利用しようとした古人の構想があったとすれば、たとえ失敗したとしても、その示唆するところは大きい。一方、別ルートで見事通水に成功し、三百数十年を経てなお今に遺されている玉川上水は、そのほとんどの経路が台地上、つまり武蔵野面の微高地を流下するもので、工法や施工期間はミラクルあるいはミステリアスでさえある（207ページ参照文献2「峠と分水界」参照）。

電力（ポンプ）に依存しない、自然流下式の「場所と水の技術」は、「三・一一以後」の世界に生きる私たちにとっては、発掘すべき知の遺産なのです。

さて、この章の末尾で強調しておかなければならないのは、「崖」とは本来単独で存在するものではなく「崖線」の一部で、同時に都市にのこされた貴重な自然遺産である、ということです。

JR中央線特別快速や通勤快速が停車する国分寺駅エリアでは、「崖線」だけでなく「崖」そのものも消えてしまったようにみえます。

しかし、世田谷の国分寺崖線の一部に残されたイチリンソウやカタクリなどの絶滅危惧種、板橋区赤塚四丁目から北区赤羽北二丁目までがみえかくれしながらつづく急傾斜地に出没するタヌキ、府中崖線下の水際になお子孫を残すマムシたちは、巨大都市に、一定の延長をもった「野生の回廊」がなお残されていることを語っているのでした。

時に自然災害の原因となる「崖」や「崖線」は、むしろ人間と自然との間におかれた「DMZ」（緩衝地帯）として見なおされるべきなのです。

図６　国分寺村

旧国分寺村の集落は国分寺崖線の下にあった。現在の中央線国分寺駅は、「本多新田」の南、崖線の北に位置する。1:20000迅速図「府中駅」（明治15年測量）の一部に鉄道線と停車場を追加、80％に縮小

写真17　国分寺崖線に沿う道と家

写真18　住宅地の国分寺崖線は「見えない」

コラム⑮　崖下にあった国分寺村

現在のＪＲ中央線の前身、甲武鉄道が新宿―立川間を営業開通したのは明治二二（一八八九）年四月。中野から荻窪、国分寺を経て立川までは、蒸気機関車が武蔵野台地の上を一直線に駆ける姿がみられたはず。

国分寺駅は台地の上、しかも改札口は北側のみ。一方、それまでの国分寺村の集落は、国分寺崖線の下、湧水と野川の水にめぐまれたエリアに、古くから立地していた。鉄道や駅は、集落地を忌避したのだった。

深井戸技術や近代水道が普及する以前、水に乏しい崖上の段丘面と、段丘崖下の湧水池との対比は明確なものがあった。だから崖上の「新田」とは水田ではなく、畑作地や入会利用の雑木林が展開する、水に苦労した開拓集落の謂いだったのだ。

第11章

隠された崖・造られた崖

——渋谷ほか——

世界有数の繁華街《ダウンタウン》である渋谷の地形は、Y字くぼみ。さらに人間による地形改変が隠された崖を生み出していた。盛り場の崖には生と死が隣合わせに存在していた。

マークシティに沿う道（179ページ、図2）

メインストリートの坂に並行する脇道は、しばしば坂の古い姿を残している。ここは傾斜角度約18度の急坂。道玄坂もかつては179ページ図4のBのような急坂だった

カシミール3Dを用い、石川初氏の「5mメッシュ東京スペシャル」のパレット設定を使用して作製。国土地理院発行の「数値地図5mメッシュ（標高）」を使用した

台地内部の陸水がつくりだしたY字谷地形

渋谷川とその支流は淀橋台を複雑に侵食している。ただし、縄文海進期といえども、この図の範囲のどこかに海（入り江）が侵入していたわけではない。大小の谷は、大小のY字谷と舌状台地をつくりだす。青山霊園はその一例

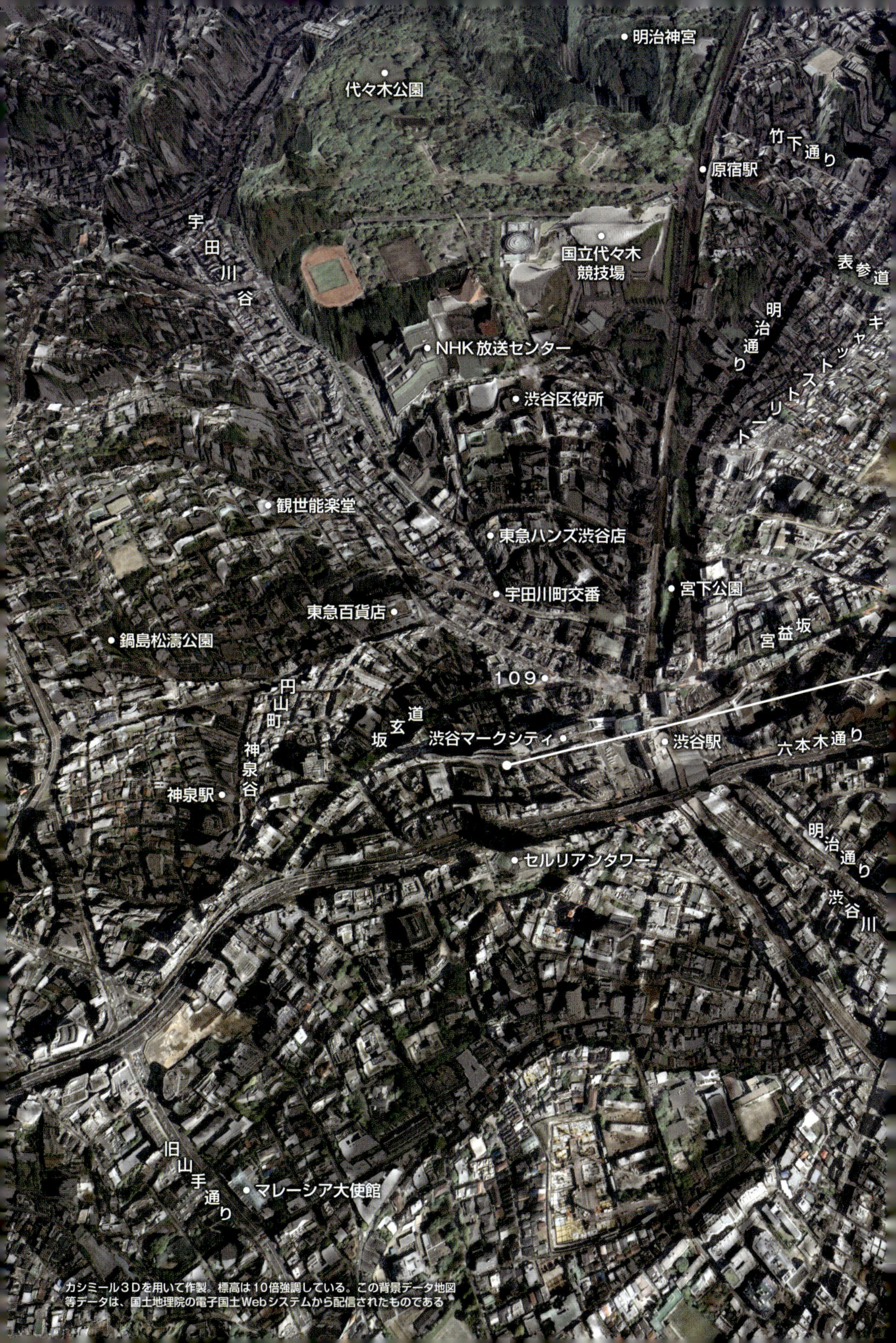

カシミール３Ｄを用いて作製。標高は１０倍強調している。この背景データ地図等データは、国土地理院の電子国土Webシステムから配信されたものである

宮益坂と道玄坂

渋谷の駅前広場を抜け、スクランブル交差点を横切り、センター街入口の脇から109(マルキュー)へと進むと、そこは道玄坂の起点。109前の標高一七メートル地点から、渋谷ザ・プライムの先、標高一八メートルほどまで上るゆるい傾斜の歩道には若者が、車道には車が、群がっています。

179ページの図2をみると、109を下の頂点としたVの字の左辺が道玄坂、右辺は文化村通りと名付けられています。109の前に立って両方の道を視野に入れれば、文化村通りは旧宇田川の谷道、道玄坂は台地に上る道ですから、左上がりにゆがんでいるのがわかるでしょう。

道玄坂は古い通りで、江戸時代は大山《おおやま》参りのための大山街道の一部として知られていました。現在のように坂の傾斜が減じられる以前は、青山方面から山道まがいの宮益坂《みやますざか》を下り、渋谷の谷底からやっと台地に這い上がって、しばらくは平らな道だと思ったら、今度は目黒川の谷に下りる。現在の道玄坂上から西、神泉谷を右に見て、三田用水を越えた辺りには、大山参り復路最大の難所、急坂の「大坂」が待ちかまえていました。その様子は、『江戸名所図会』「大坂」にもあきらか(図1)。アップダウンの連続だったのです。

地形を「侵食」するのは、自然の営みだけではありません。都市域では、改修ないし開削という人間による侵食はそれ以上に激しく、台地の上でも削られて谷になってしまったようなところもある。旧大山街道の渋谷付近はまさにその例で、よく観察すれば、かつての丘陵は丸い彫刻刀で線状に彫り込まれたように削られて、自動車と人を通す「樋《とい》」のよう

図１　『江戸名所図会の』「大坂」

『江戸名所図会』に「駒場野」として掲げられている図の左半分。菅笠をかぶった旅人が杖をついてのぼって来るのは、現在の目黒区青葉台４丁目の、「大坂緑地」に沿う急坂で、かつての大山道の「大坂」。バス停にも「大坂上」の名が残る

写真２　崖の下

百軒店の崖は、道玄坂沿い。飲食店の裏手にひっそり隠れていた

写真１　百軒店の崖路地

路地の左側、洗濯物を干している
その下は崖である

な道に変容していることがわかるでしょう。

道玄坂下から、坂中央の道玄坂信号まで、二〇〇メートルほど上ってみましょう。右手には「しぶや百軒店《ひやっけんだな》」のゲートが建ち、その向かい側は道玄坂駐車場。いずれもその奥側が上り坂となっているのが見えます。道玄坂は両側にビルと店舗がびっしりと並んでいるために、このような地形には普通気付くことはないのだけれど、歩きながら建物の隙間隙間に目をやれば、道路部分が低いことが判然とします。その理由は、図2と図4から了解されるように、元来坂下近くで急だった傾斜を、全体に均《なら》して、ゆるやかな坂をつくりだすためだったのです。

渋谷界隈で、道玄坂と並んで有名な坂である宮益坂ですが、坂の起点は明治通りと青山通りの交差点近く。そこにはかつて渋谷川が流れ、宮益橋が架かっていました。東西方向の模式断面図（図5）にすると、渋谷駅はV字谷の底辺に位置し、その左辺は西渋谷台地にかかる道玄坂で、右辺が東渋谷台地の宮益坂となります。

宮益坂は、明治四一（一九〇八）年に道路が改修されるまでは急坂で、大山街道（相模街道・矢倉沢往還とも）の難所のひとつ。「狭い坂道に石を敷いて、丸太の棒をすべり止めにしてあった」（加藤一郎『郷土渋谷の百年百話』一九六七年）ほどでした。だから路面電車の開通も後回しにされ、東京市電の青山線（六・九・一〇系統）が三宅坂から青山七丁目（青山車庫前。現在のこどもの城・国連大学）まで通じたのは明治三九（一九〇六）年のことながら、そこで一休み。中渋谷ステーション（宮益坂下）まで通じるのは、もう五年も待たなければなりませんでした。

道玄坂や九段坂と同様（116ページコラム参照）、

図2
渋谷道玄坂付近
※赤い線は等高線を示す

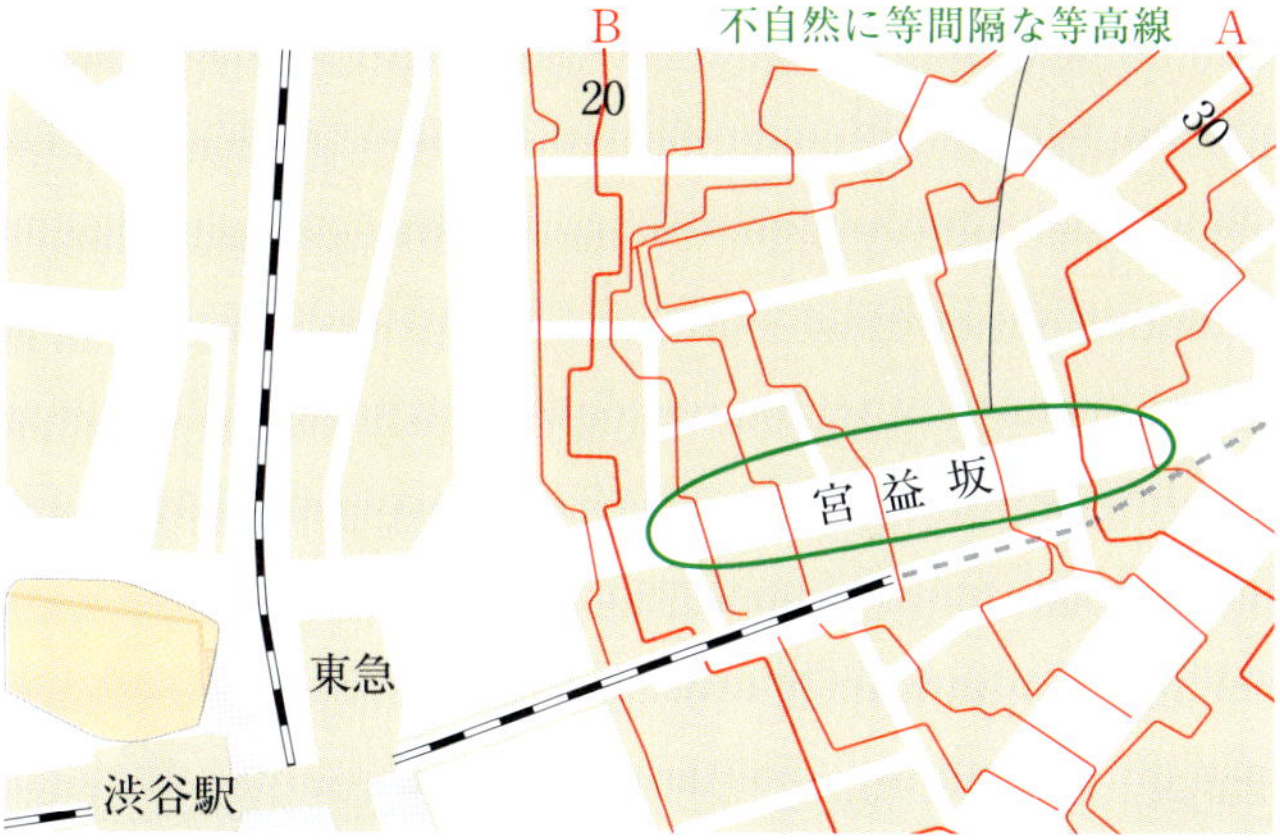

図3
渋谷宮益坂付近の等高線
宮益坂も尾根道。等高線の不自然な均等ぶりが地形改変を物語る。近年、この一帯は都市再開発で変貌が著しい
※赤い線は等高線を示す

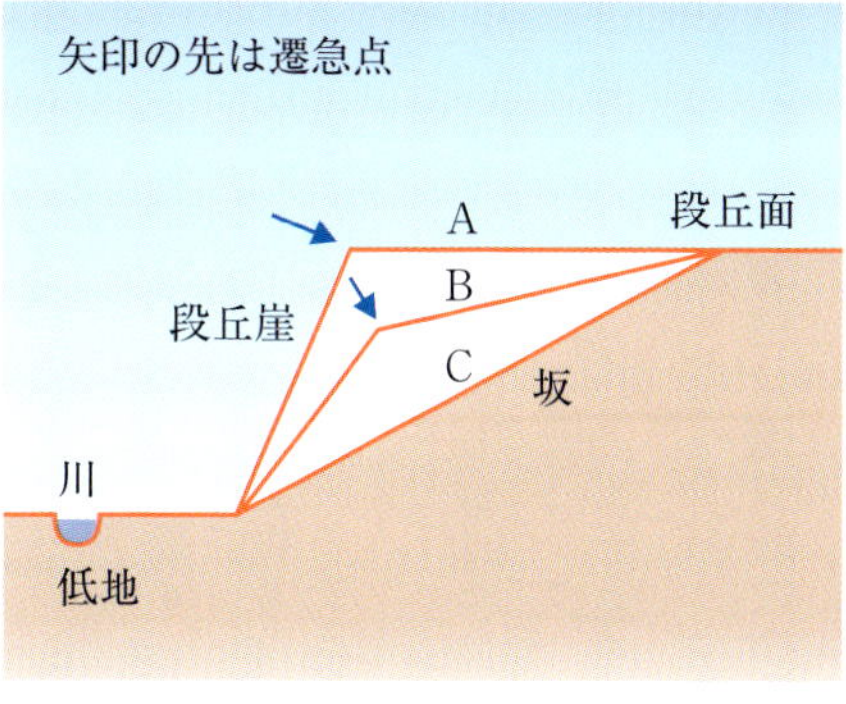

図4　崖から坂へ
段丘崖は人工的に削られてＡからＢに傾斜を減じ、Ｃに至って遷急点を失い、崖自体も消失する（11ページ図２参照）

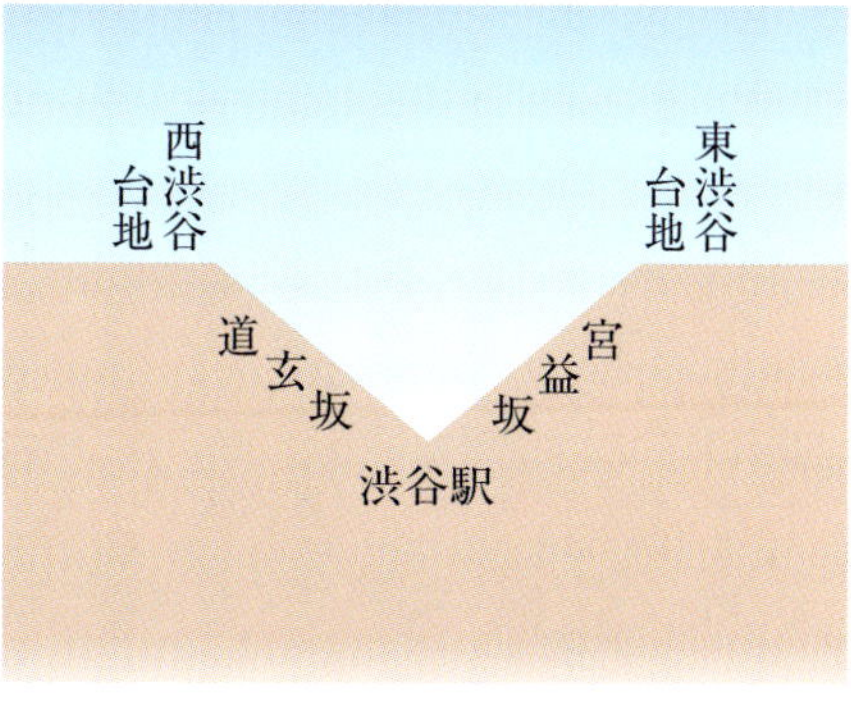

図5　渋谷駅付近の断面図（東西方向）

道路の遷急部の角を削り、全体に均等な傾斜とする工事が施されたのは、地形図の不自然に幅広等間隔の等高線が証しています（179ページ、図3）。

百軒店崖

図2と図3の等高線から推測できるのは、渋谷駅に向かって下る道玄坂と宮益坂の元来の姿は、いずれも現在のような傾斜均等な、なだらかな坂ではなかったということです。一般に自然斜面は、崖のように急峻な部分と踊り場のようななだらかな部分を複合した屈折ある地形として存在します。

それを、模式図に表してみれば、段丘崖からなだらかな坂に変容するステップがあることがわかるでしょう（179ページ、図4）。

道玄坂には、さらに不自然な地形改変の跡が見られます。それは図2の「擁壁」の部分。この擁壁はおそらく坂道自体の工事の後、通りに面する家屋や商店の敷地をとるために斜面の土を掘り掻いた「切土」の跡なのです。そうして、この「百軒店《ひやっけんだな》崖」は、現在渋谷の繁華街で「急傾斜地崩壊危険箇所」とされている唯一の場所でした（177ページ、写真1・2）。

ところで、前出の加藤一郎著には道玄坂に関して「明治三十二年までは、道路の幅が僅か四間（七米三三）であった。その後、明治年間に九間幅に改修、更に大正十一年ほぼ現代の道路が完成した」とありますから、すくなくとも昭和の初め頃までには現在のような、なだらかな道玄坂に変わっていたのでしょう。逆を言えばそれ以前は、道玄坂は図4の「B」段階にあったということです。これを定式化すれば、《一般に、坂は急傾斜ほど古い形を残している》となるでしょう。

作家の林芙美子が道玄坂に夜店を出したのは、関東大震災（一九二三年）より一年と五ヵ月ほど前のことでした。当時はそれがきまりの三尺間口（入口の幅が約九〇センチ）の店を、「女の万年筆屋さんと、当のない門札を書いているお爺さんの間に」出した、と日記にあります。その店が現在のどの辺りなのか、後の「百軒店」の近くなのか、残念ながらよくわかっていません。

道玄坂から円山《まるやま》の一帯が、戦前戦後を通じて盛り場の様相を呈したのは、距離にして一キロメートルも離れていない駒場に、明治二三（一八九〇）年に高等学校（現在の東大駒場）が、同二五（一八九二）年陸軍施設が設置されて以降のことですが、もっとも画期となったのは、関東大震災でした。壊滅的打撃を受けた下町から、山の手に店舗や住宅が移転したからで、その象徴ともいうべきものが、下町の名店を募ってつくった繁華街、道玄坂の「百軒店」でした。

道玄坂にほど近い渋谷円山町は、現在ではラブホテル街として名を馳せていますが、京都の円山にちなんだ通称が地名となったもの。

その円山から百軒店にかけては、豊後《ぶんご》（現在の大分県）岡藩第一四代当主、伯爵にして貴族院議員中川久任《ひさとう》の広大な邸宅地を箱根土地株式会社（堤康次郎）が買い取り、関東大震災をきっかけにその一画を百貨店のような場にせんと各種店舗を誘致したのが「百軒店」のはじまりといわれます。

神泉谷

円山町歓楽街は、「山」という名前の通り、標高三〇メートル以上ある高台の一部で、両側を神泉谷に接しています。神泉谷には昔、火葬場や地獄橋という名の橋もあったという話があるけれど（有田肇『渋谷町誌』大正三年）、さて、どうでしょう。

　現在日本は世界に冠たる火葬国（ほぼ一〇〇パーセント）ですが、江戸時代までは土葬が一般的で、確かな統計はないものの火葬率は二割以下。明治二九年の統計でも二六・八パーセントという数字（鯖田豊之『火葬の文化』一九九〇年）。江戸時代の火葬は、京都や北陸のような浄土真宗の影響力が強い地域がほとんどでした。なにせ火葬は、おおきな「生もの」を、骨片になるまで一昼夜以上焼かなければならないのだから、半端ではない「薪《まき》代」がかかる。江戸時代は徳川将軍家といえども土葬（例外的事例として於大の方やお江《ごう》の方。42ページ参照）。ただし天皇家はこれとは逆で、奈良時代から江戸時代末までは火葬が通例。古代の陵墓土葬が復活したのは幕末の孝明天皇以降だといわれます。

　遺体を上野山下から五反田の桐ヶ谷火葬場まで運んで金貨（金の粒《つぶ》）を取り戻すというブラックジョークのような古典落語の「黄金餅《こがねもち》」も、舞台は江戸だけれど、つくられたのは市中の土葬が禁じられ、火葬が一般化した明治以降。

谷葬・崖葬

　しかしながら葬送の歴史をたどれば、火葬や土葬にとどまらない、さまざまな「かたち」を見出すことができるでしょう。急峻な崖を伴った都市辺縁の、神泉谷のような谷地が「葬送の諸類型」の記憶を秘めている可能性は、たしかに大きいのです。

　渋谷区は京王新線幡《はた》ヶ谷《や》駅南口から徒歩六分の代々《よよ》幡《はた》斎場。ここは宇田川の支流の谷の水源付近の斜面下。古くは狼谷《おおかみだに》（大上谷とも。『増補江戸惣鹿子名所大全』）と呼ばれ、現在なお、近辺の国際

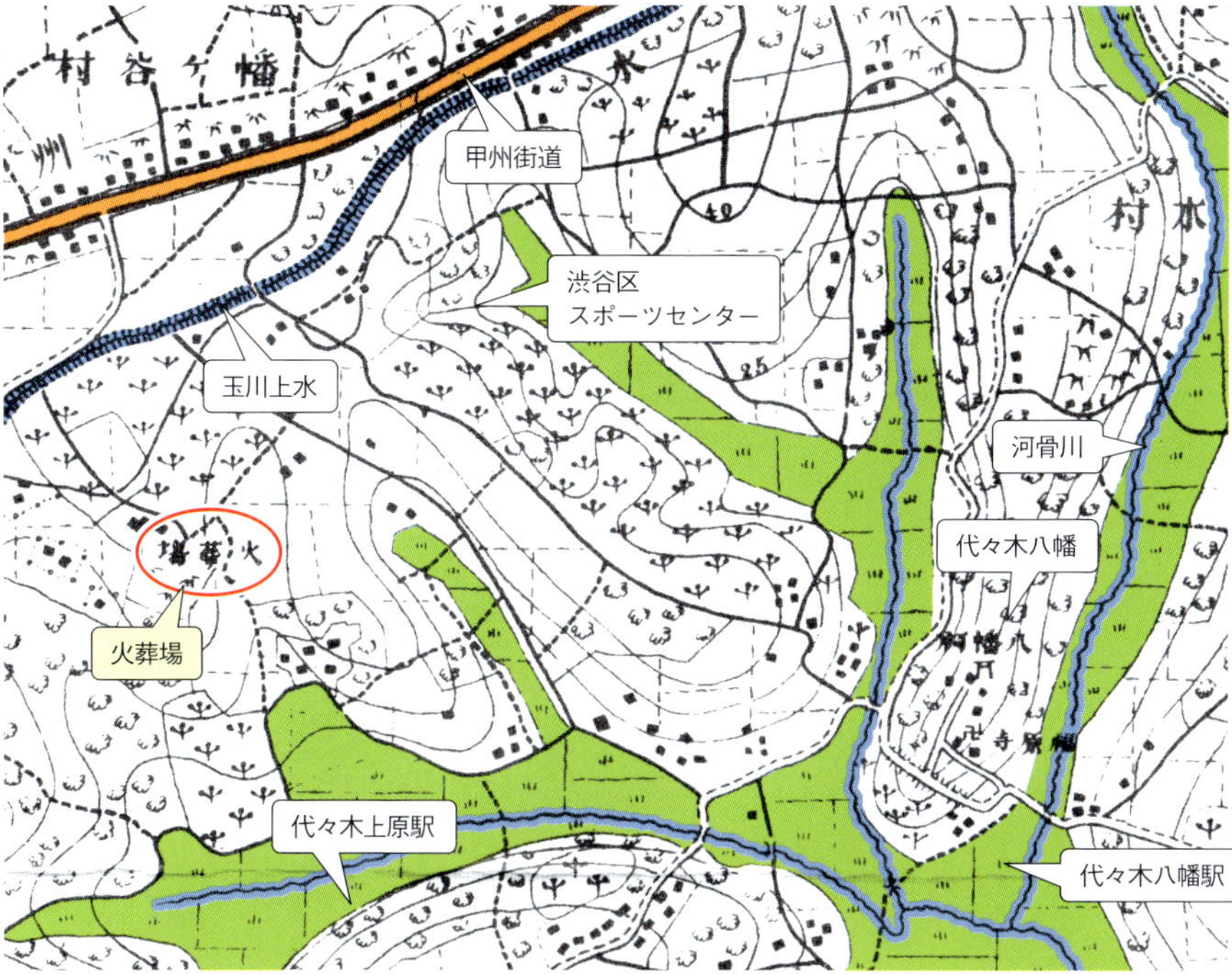

図６　明治初期の幡ヶ谷付近

120年ほど前の地図。左上の甲州街道は尾根道。その南側に沿って玉川上水が流れる。台地（幡ヶ谷台地）はいく筋もの宇田川の支流によって侵食され、谷地田が開かれている。右端は河骨川（こうほねがわ。唱歌「春の小川」の舞台）で、南下して宇田川となる。右下には、現在小田急線代々木八幡の駅がある。図の左手に「火葬場」とあるのは、現在の代々幡斎場。渋谷区のスポーツセンターは図中央上辺、茶畑が広がる丘陵にあり、その東斜面下は水田であったことがわかる。1:20000迅速測図「内藤新宿」（明治13年測量、同24年修正再版）の一部を約154％に拡大。一部着色

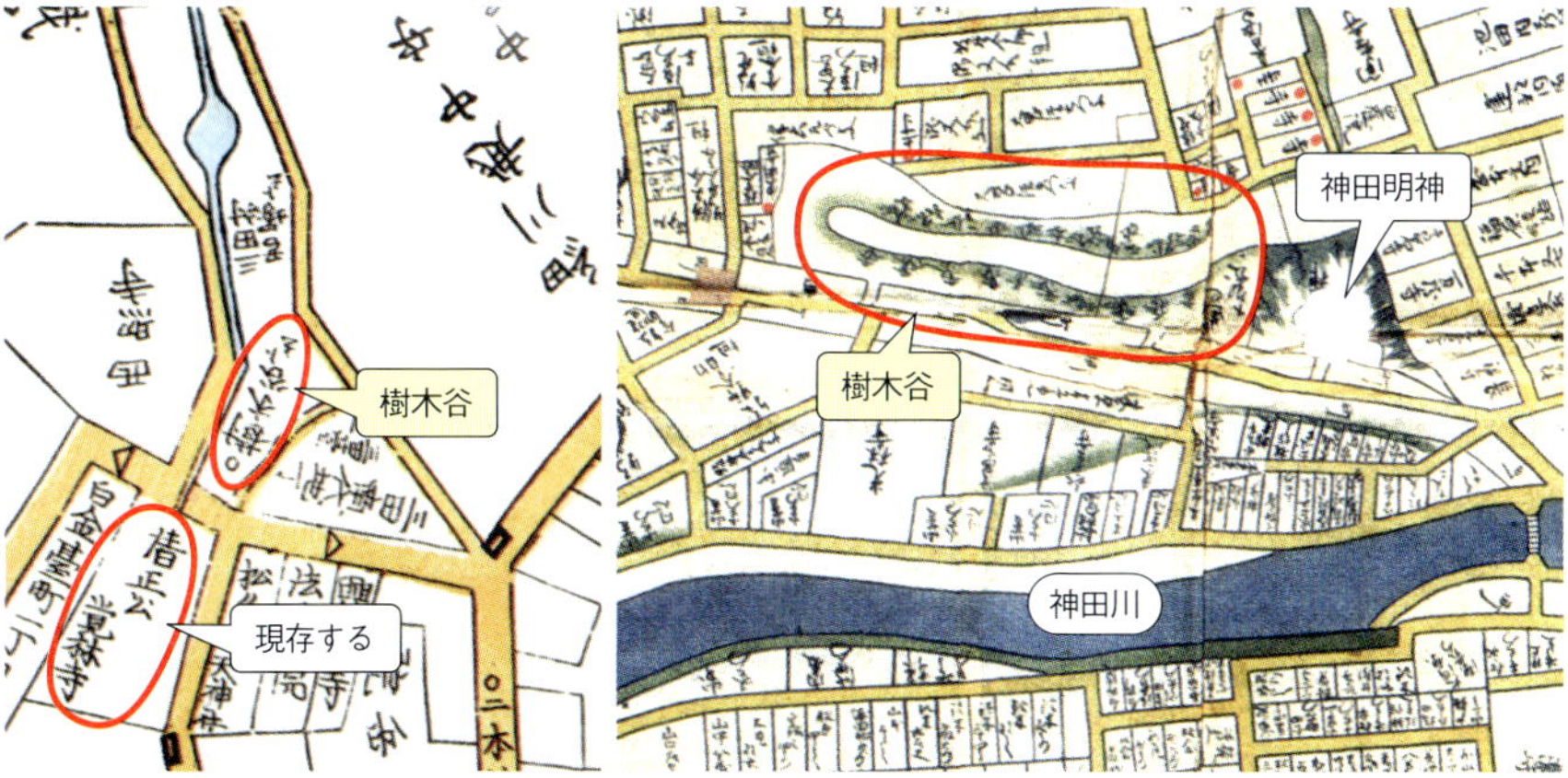

図７　嘉永年間の江戸図切絵図（左）と寛永年間の江戸全図（右）に見える「樹木谷」

協力機構東京国際センターの構内には湧き水が存在する。代々幡斎場は江戸五三味《えどごさんまい》（「三昧場」とは墓所の意）のひとつに数えられる古い火葬場で、江戸期直前には四谷千日谷《せんにちだに》にあったといわれます。

崖は、現世とあの世とを分かつ「臨界」であって、切り立った谷は葬送の地に適《かな》う（186ページ、コラム参照）。けれども火葬は、少し時代を遡ればかぎられた、特殊なあり方でした。むしろ古くは「崖葬」や「谷葬」というべきかたちが広く行われていたと推測することができるのです。

宇田川は数多くの支谷を刻んでいますが（183ページ、図6）、西原一丁目と初台二丁目の間の、渋谷区スポーツセンター下の斜面は、誰の目にも明らかな崖で、比高八メートルほど。こちらは渋谷区最大の急傾斜地崩壊危険箇所なのでした。

三つの「地獄谷」

例えばここで、葬送に関わる江戸の谷地形について言及すれば、市中には少なくとも三つの「地獄谷」が存在しました。

そのひとつは、地下鉄半蔵門線半蔵門駅五番出口から地上へ出てすぐの交差点を左に入り、その坂を下りきったところ。地下鉄有楽町線麴町駅を起点にしていえば、日本テレビ通りからポルトガル大使館を目指して東に下った坂の辺り。半蔵門駅と麴町駅の間の谷底は、かつて行き倒れや処刑者の遺骸が遺棄された場所で、その後の宅地化に伴って「樹木谷《じゆもくだに》」と呼ぶようになったといわれます（後藤宏樹「鬼婆横丁、地獄谷」『月刊Collegio』No.12、二〇〇六年七月）。神楽坂の毘沙門《びしやもん》様として知られる善国寺の旧地でもあり、江戸時代初期の同時代地誌

「紫の一本《ひともと》」（戸田茂睡。『新編　日本古典文学全集82　近世随想集』収録）には、このあたりの地形が幽霊話めかして語られています。

この樹木谷＝地獄谷は、実は江戸城千鳥ヶ淵の延長で、往古は日比谷入江に注いでいた千鳥ヶ淵川主流の谷頭《こくとう》（河谷の最上流部）近くにあたるもの（87ページ図2参照）。千鳥ヶ淵川と同様、後に江戸城内に取り込まれる「局沢《つぼねさわ》」（坪根沢とも）も古い「葬送の地」で、後に「局沢十六寺」と呼ばれた寺院地帯を形成したと言われます（鈴木理生『江戸・東京川と水辺の事典』二〇〇三年刊）。

二つ目の「地獄谷」は、旧白金丹波町《しろかねたんばちょう》、現在の港区高輪一丁目の辺り。白金台と高輪台の間にある窪地一帯を「樹木谷」と称し、元来は刑場で「地獄谷」と呼ばれたのをあらためたものといわれる。地下鉄南北線と三田線の白金高輪駅から地上に出て、桜田通りを南へ下ると、高輪消防署の向かい側が名《めい》光坂《こうざか》で、江戸時代は蛍の名所。清流ながれるといえば聞こえはいいけれど、通常は人の近寄らない、卑《ひ》湿《しつ》の谷。しかし、嘉永二（一八四九）年の近江屋板江戸切絵図『高輪白金辺図』にはしっかり「樹木谷」と記入がありました（183ページ、図7左）。

三つ目は、現在の文京区は湯島一丁目（旧湯島三丁目）。ホテル東京ガーデンパレスの東側を神田明神通りから蔵前通りに抜ける（上る）道を樹木谷坂といい、すなわち坂下が「樹木谷」。この辺りは名前のついた坂が多く、文京区教育委員会の説明板も設けられています。そうして、この谷の別称も「地獄谷」。最古級の江戸実測全図『寛永江戸全図』には、「樹木谷」と文字で書くかわりに樹木を崖縁に並べた絵説きとしていたのでした（183ページ、図7右）。

コラム⑯　崖と葬送

『古事記』の伊邪那岐《イザナキ》は、死んだ妻の伊邪那美《イザナミ》を求めて黄泉《よみ》の国を訪れるけれども、その姿が蛆《うじ》湧く腐乱体と化しているのを見て、あわてて逃げ出して黄泉比良《よもつひら》坂《さか》までたどり着く……。

よく知られた神話ながら、ここでは彼我の「境」は「坂」。しかし、古代日本文学専攻の西郷信綱氏によれば、「比良＝ヒラ」とはヨコにもタテにも平《ひら》なことで、この場合は「崖」を意味するという。そうだとすれば、黄泉比良坂のようなあの世とこの世を隔てる壁は、日本のあちこちに存在していた可能性がある。

埼玉県は比企《ひき》郡吉見《よしみ》町にある「吉見百穴《ひやつけつ》」は古墳時代後期の横穴墓群。そもそも「百穴」は標高一〇〇メートル前後の比企丘陵の東に、残丘状にせり出した吉見丘陵が沖積地に向かう面に掘られた墓で、つまりは崖墓。古墳の造営に無駄な労力を使うことなく、土地利用としても賢い墓場のありかただった。

もっとも、わざわざ埼玉県まで出かけなくとも、崖壁に設えられた古代の墓は、東京は世田谷区、東急大井町線等々力駅下車徒歩約一〇分のところに見ることが可能。国分寺崖線の一部である、等々力《とどろき》渓谷の横穴墓群がそれで（六基以上の存在が確認）、「成年男子、壮年女子、小児」の三体が埋葬されていた三号横穴は都の指定史跡。

方や沖縄では、先の戦争で凄惨《せいさん》な戦いの最後の拠点の多くは、ガマと呼ばれる自然洞で、かつては「再葬」の場所でもあった。つまり一旦土葬した遺体を経年後に掘り起こし、遺骨を洗い清め（洗骨《せんこつ》）、古来墓所とされたガマの所定の場所に安置するもの。しかし、さらに古い沖縄の先史遺跡には「再葬墓」ではない、直接の「崖葬」が多く認められる。

葬制が崖地形と浅からぬ関係をとり結んでいたのはたしかなことだった。

コラム⑰　老人の崖　子どもの崖

四半世紀前に刊行された『日本伝説大系』の第四巻、北関東編には、群馬県の勢多郡『粕川村誌』からの引用で、「赤城の南麓に狼谷というところがあって、昔、ここへ年寄りを捨てた。そのために、この狼谷のことを『赤城の姥捨』といっていた」とある。

狼谷がいにしえの列島上のそこここに存在したとすれば、深沢七郎の『楢山節考《ならやまぶしこう》』ではないが、「棄老の掟」も他所事《よそごと》ではなかった。その対向ページには「南山（利根郡と吾妻郡の境にある山）に地獄谷というところがあり」、「昔は六十になると、年寄りをそこへ捨て」た伝承を記載している。しかしそれは柳田国男著『村と学童』の「親棄山」にあるような、結局は他人に隠して助け置いた老人の知恵で「国難」が救われる、というハッピーエンドの昔話。

列島のみならず、「歴史」以前、人間がまだほとんど自然や呪術に委ねられていた時代、「棄老」や「棄幼」の非常行為は、危機の際の選択肢のひとつとして、人間集団の眼前に提示されていたのだった（穂積《ほづみ》陳重《のぶしげ》『隠居論』大正四年）。

この「老人と崖」という図式は現在でも決して無縁ではなく、東京の辺域をあるいているとしばしば崖すれすれに高齢者施設の類が設えられているのを目にする。地価が安いからといえばそれまで、つまりはソフィスティケイトされた「棄老」の現在形だった。

しかし、「三・一一以降」は、列島の未来を侵食する「棄幼」の現実が露出することになったのである。

写真３　崖下の老人介護施設

コラム⑱ 「本物」の岩の崖

都内で岩の崖を目にしようとするなら、東京駅から鉄道の営業距離にして延々約五四・七キロメートルも、西へ足を延ばさなければならない。

中央線は立川で青梅線に乗換え、十一駅目の東青梅駅下車、都立青梅総合高校裏の比高一八メートルの河岸段丘崖を下って千ヶ瀬《ちがせ》二丁目の信号で青梅街道を横断し、三五〇メートル南を東に流れる多摩川に架かる下奥多摩橋を渡る。晴れていれば、橋上からエメラルドグリーンの水面の奥に、奥多摩三山のひとつである大岳山の特徴ある山稜も目にすることができるでしょう(写真4右)。橋の南東詰から回り込んで河岸を下り、橋下の河原に遍在するグリ石の上に立ってみる。

江戸・東京の基盤岩は、ここに至ってはじめて人の前に姿を顕《あらわ》す。すなわち、かつては「秩父古生層」と称し、現在では「秩父帯」と呼ばれる地層の砂岩崖。

秩父帯はジュラ紀(中世代)の付加帯(海溝沈み込み部の堆積物)で、日本列島の基盤層のひとつでもある(図9)という。

ところで図9でみれば、首都圏の基盤岩の構造断面は「丸底」の容器状を呈している。都内の小さなY字状の窪地や谷頭跡を「スリバチ」に例えるのは誤解のもとだが、関東平野を横断するような大きな地形の構造では、水平に対して垂直を強調すればまさしくスリバチの断面に似、その形容は人の理解を助ける。すなわち、地質年代上二〇〇万年前からはじまった第四紀の関東造盆運動の結果出現した、世界でも稀な深さ三〇〇〇メートルを超えるスリバチだった。

列島の「首都圏」の主要部は、スリバチの硬い焼成物の上ではなく、その内側に溜まった泥や火山灰、砂礫の表層であって、三千万を超える人々はその上で生を営んでいるのである。

写真４　下奥多摩橋下に露出する岩盤（左）と、奥多摩三山の大岳山山頂（右）

下奥多摩橋とその下の岩崖は、多摩川右岸で、東京の岩崖の最東端

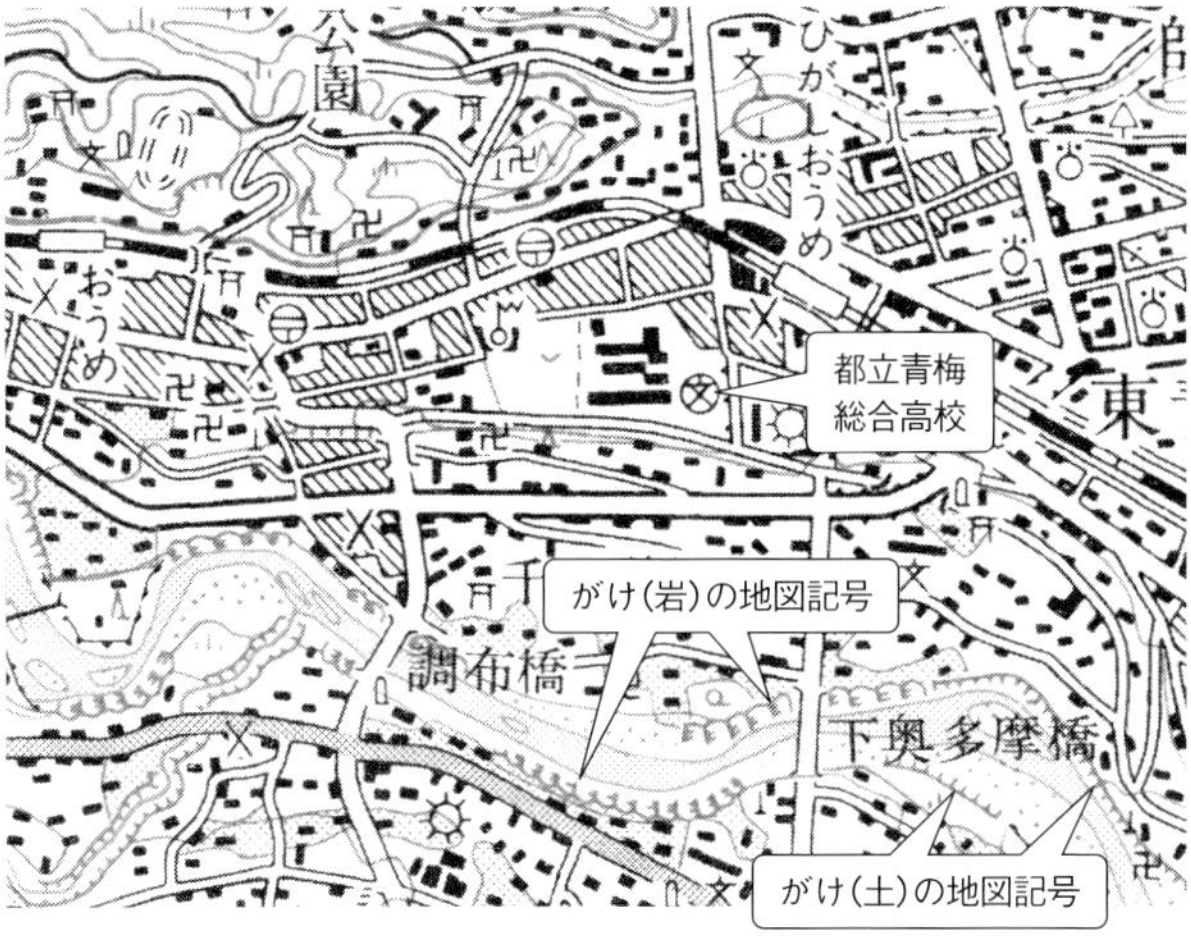

図８　1：50000地形図「青梅」(1977年編集、1990年修正)の一部。146％に拡大

右下「下奥多摩橋」の文字の、「下奥」の上が「がけ(岩)」記号。「多摩橋」のところは「がけ(土)」記号。ここから下流の多摩川河岸に岩の崖は存在しない

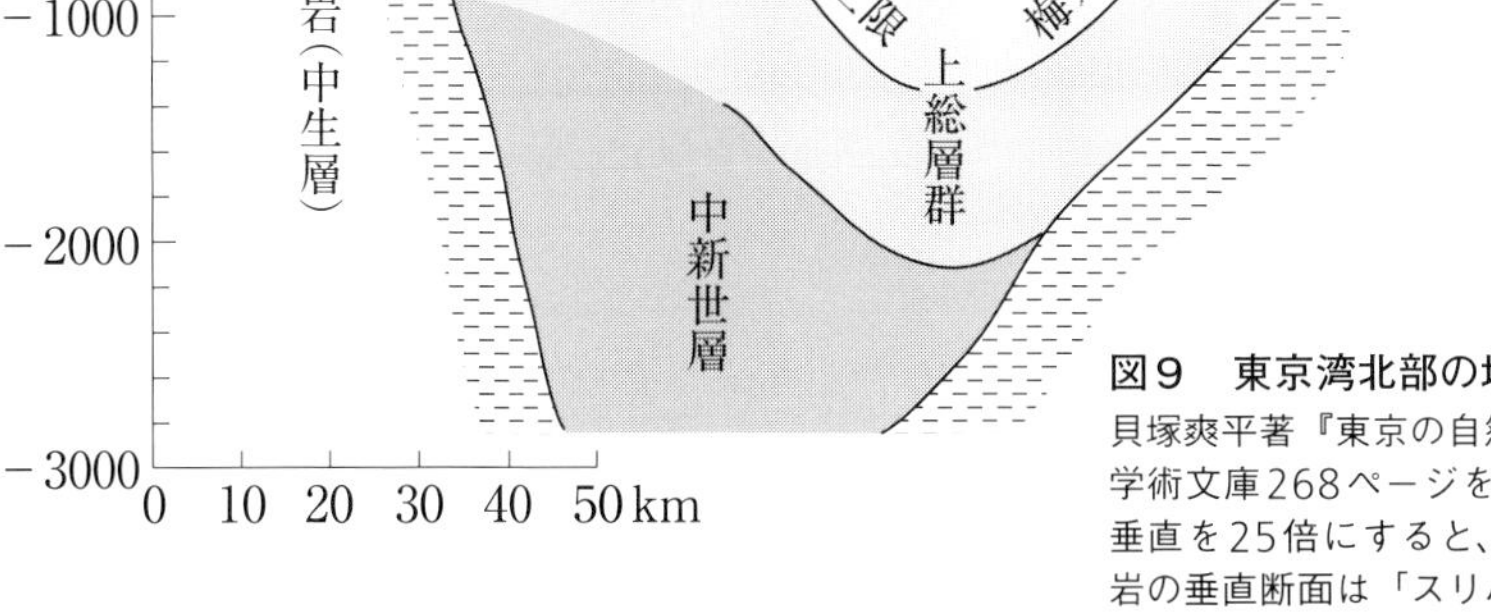

図９　東京湾北部の地下構造

貝塚爽平著『東京の自然史』講談社学術文庫268ページをもとに作図。垂直を25倍にすると、東京の基盤岩の垂直断面は「スリバチ」に似る

最終章

愚か者の崖

——「三・一一」以後の東京と日本列島——

東日本大震災は日本史上の分岐点となった。顕わになったのは、一四〇年以上におよぶ「東京時代」が臨界を超えていたということだった。すべてが東京を頂点とした「組織の利権」に従属する一方、すべてが集中する首都圏は、世界にも稀な脆弱地形と地質の上にある。

脆弱な地盤上にすべてが集積する東京

標高250mの東京タワー特別展望台から南西方向を望む。上辺中央に雲が棚引いているが、やや右寄りで富士山が頭を出している。上辺左端近くに恵比寿ガーデンプレイスタワーの超高層ビルが見える。

中央を左右に走るのは首都高速都心環状線。その左手には、古川の一ノ橋ジャンクションが見える。一ノ橋ジャンクションのカーブの内側に見える超高層ビルは、パークコート麻布十番ザ・タワー。手前右下隅に一部が見えるのは、麻布台パークハウス

麻布・六本木周辺の急傾斜地崩壊危険箇所

東京と日本列島の「特異性」

タロットカードの一枚に「The Fool」(愚か者)があります。しかし、そこに描かれているのは愚かというより「崖見ぬ者」。派手な衣装を身にまとった当人が踏み出そうとしている足元は、平面が崩れかかっているオーバーハングの崖(図1)でした。

図1　タロットカードの「The Fool」
The Rider Tarot Deckのもの(描き手はパメラ・C・スミス、1878-1951)。頭の上には「ゼロ」の数字。右手で棒を担ぎ、その先端には女性の顔らしきものが描かれた袋が装着されている

連れの小犬が危険を知らせようとさかんに吠えついているのに、当のご主人様は白薔薇を片手に、夢想陶然としているようです。

もちろん、タロットそのものが両義性の上に成り立っていて、正負両様の解釈を前提としていますから、Foolもあながち悪いことばかりではなくて、楽観性(反概念は安易)や積極性(反概念は無思考)といった人間資質の肯定的側面を指し示してもいるのです。しかし、自らの立地点がオーバーハングの崖際であることに目を向けず、気づかないとすれば、それは文字通りの愚か者であって、このカードの絵柄自体が「警告」のメッセージを発するものであることはあきらかでしょう。

Foolとは道化師(pierrot,clown)と同義の場合もあるけれど、彼らは演技者であって、その内面は覚醒している。この絵柄のような現実に目を向けな

い者とは正反対の存在なのです。

ところでしかし、この図のようなオーバーハングの崖は、土では成り立たない。すでに幾度も強調したように、江戸・東京に自然の岩の崖は存在せず、このような形状の崖もあり得ません。江戸城の石垣も、その内側は土でした。

たとえ堅固な石垣といえども、長雨や豪雨、地震を契機として崩壊をくりかえすから、恒常的な補修（費用の捻出）ができなくなれば、ほどなく無残な有様となることは、幕末から明治初期の様相に照らしてあきらかでしょう。都内で本物の岩の崖がどのあたりで目にすることができるのか、またその基盤岩が都心ではどのようなところに位置しているかは、前に述べた通りです（188ページ、コラム参照）。

このような脆弱な地盤のうえにある巨大都市というのは世界的に見ても稀である。例えば、ニューヨーク市の中心部マンハッタン島は、全域が古生代カンブリア紀に形成された硬い岩盤でできており、その規模は東京の山手線の内側の面積に相当します。お隣韓国は、ソウル市の南部を漢江《ハンガン》が流れ、少しばかり沖積地が存在しますが、市域のほとんどは中生代ジュラ紀の花崗岩の上。EU経済危機の発端となったギリシャの首都アテネの都市域のかなりの部分は低平な沖積地にひろがっていますが、パルテノン神殿が建つアクロポリスの丘は、石灰岩の岩盤の上に直接そびえ立っています。

それに比して江戸・東京には、地質年代でいえばきわめて近年の更新世から完新世の、やわらかい堆積物が広がっています。さらに深い地層では、東京が面する東京湾沖合は世界にも類をみない四つの地殻プレートのせめぎあい部にあって、海洋性プレートが大陸性プレートの下に沈み込む最前線《サブダクティブフロント》でした。そもそも日本列島の全域が「変動帯」に属し、さらに「リング・オブ・ファイアー」（環太平洋地震火山活動活発区域）の真上に位置している。東京都民は、地球上でもっとも地震活動が活発なエリアの中で、もっとも地盤が軟弱な土地の上に寝起きしているという事実に目を向けるべきでしょう。東京の地は、地球的《グローバル》な観点からみればきわめつけの特異点にあるのです。

この特異性は、東京そして日本列島の地質上の基本与件であって、そこに住む人間は多様で豊饒《ほうじょう》な自然の恵みを享受もしてきたのでしたが、同時に、周期的に出来《しゅったい》する自然の「生理」からも逃れることはできないのです。

集積の崖

巨大都市を考える指標に「メガシティ」という概念があります。「メガ」（百万）という言葉とはうらはらに、一〇〇〇万人以上の都市を言うのですが、行政区域ごとの人口統計数値によるのではなく、建造物や居住区、一定以上の人口密度が連続する都市的集積地域（urban agglomeration）に人々がどれだけ集中しているかという観点から、一〇〇〇万人を超える世界の「大都市圏」を並べてみると、東京と横浜を中心とした首都圏の「都市的集積地域」が擁する人口は三六〇〇万人を突破していて、二〇〇〇万人前後がならぶ二位以下を大きく引き離して、トップにランクされるという事実があります。

日本の首都圏は、世界でもとびぬけて大きな「都市的集積地域」であり、人口を含めたこの巨大さが、実は東京の自然・人為災害リスクのもっとも基本に横たわっている「与件」にほかなりません。人口の集中規模やライフラインなどの「都市化」の程

都市名	人口（百万）	総リスク・インデックス	構成要素		
			危険	脆弱性	危険にさらされる価値
東京-横浜	34.9	710	10.0	7.1	10.0
サンフランシスコ湾	7.3	167	6.7	8.3	3.0
ロサンジェルス	16.8	100	2.7	8.2	4.5
大阪-神戸-京都	18.0	92	3.6	5.0	5.0
マイアミ	4.1	45	2.7	7.7	2.2
ニューヨーク	21.6	42	0.9	5.5	8.3
香港-パール川デルタ地帯	14.0	41	2.8	6.6	2.2
マニラ-ケゾン	14.2	31	4.8	9.5	0.7
ロンドン	12.1	30	0.9	7.1	4.8
パリ	11.0	25	0.8	6.6	4.6
シカゴ	9.4	20	0.8	5.6	4.4
メキシコ・シティ	25.8	19	1.8	8.9	1.2
ワシントン-ボルチモア	7.9	16	0.6	5.4	4.4
北京	13.2	15	2.7	8.1	0.7
ソウル	21.2	15	0.9	7.2	2.2
ルール地区（ドイツ）	9.6	14	0.9	5.8	2.8
上海	14.2	13	1.1	7.0	1.7
アムステルダム-ロッテルダム	8.0	12	0.9	5.6	2.3
モスクワ	13.2	11	0.7	8.7	1.8
フランクフルト・アン・マイン	5.0	9.5	0.7	5.9	2.3
ミラノ	4.0	8.9	0.6	6.7	2.2
サンタ・フェ・ボゴタ	7.7	8.8	1.9	7.3	0.6
ダッカ	11.3	7.3	4.8	9.6	0.2
シドニー	5.0	6.0	0.6	9.1	1.1

図２　「大都市を襲う自然災害リスク・インデックス」の表
（Topics Geo 2002から抜粋して作成）

このデータを作成したグループは50ヵ国以上に4万7000人の人員を展開する世界最大の再保険会社で、「自然災害による損害リスクが世界の大都市に集中する傾向が加速している」と認識し、「大都市圏での自然災害リスクを総合的に分析することが急務」と判断している。「再保険」とは、保険会社の保険リスクを引き受けることで、顧客は各国の保険会社

度と、災害規模とは比例するのです。

世界の巨大都市がもつ危険度について数値的に評価した例があります（195ページ、図2）。ミュンヘンの再保険会社が二〇〇二年に発表したデータですが、東京―横浜つまり「首都圏」中心部の総合危険度は七一〇ポイントで、二位のサンフランシスコ湾（一六七ポイント）を四倍以上引き離してぶっちぎりの世界一位でした。

すでに一般に知られているように、首都圏の地震災害の危険度は「三・一一」以前とくらべて格段に高くなっていますから、いま改めてこれを査定すればどれほどの数値となるのか予測がつきません。

崩落の現場

東京都建設局が作成した「土砂災害危険箇所マップ」については第8章で赤羽の例を紹介してきましたが、何ヵ所かを空中写真に赤枠で示しておきましょう（191、198、202、203ページ）。

198ページの目黒・五反田地区ですが、写真の左端、目黒川の北に見える横に延びた赤枠、すなわち急傾斜地崩壊危険箇所は、二〇〇六年八月九日に関東地方を襲った台風第七号にともなう大雨により、コンクリート擁壁で覆われた崖が実際に崩落した現場です。その規模は高さ一〇メートル、幅二〇メートルと報道され、その日東京都心では前日から大雨・雷・洪水注意報が発令され、一時間に三〇ミリを超える大雨を記録していました。

国土地理院の二万五〇〇〇分の一地形図や東京都の二五〇〇分の一地形図により確認すると、西五反田三丁目の崖（コンクリート擁壁）は、南東に流れ下る目黒川がつくりだした谷の左岸斜面の一部です。さらにこの崖は、北からつづく古い台地（淀橋

コラム⑲ 「明日」の崖

『南ヴェトナム戦争従軍記』（岩波新書、一九六五年刊）で知られたフォト・ジャーナリスト、故岡村昭彦氏は、「アメリカのアポロ計画は、核廃棄物の宇宙廃棄実験でもある」と言っていた。「三・一一」はそのことを鮮明に思い出させることになった。

核兵器生産と核発電の過程で不可避的に生み出される膨大な放射性廃棄物は、人類史上最悪の生産物のひとつであって、これに対処するには何万年、何十万年という地学的な時間をかけて放射能の減少を待つしか方法はない。月面や太陽面に投棄するとしても、莫大な化石燃料が要る。ロケットは、原子力や電気では飛ばせない、という事実は、現代文明の崖縁を暗示している。

一方、渋谷駅連絡通路に掛かる岡本太郎の巨大壁画「明日の神話」は象徴的である。二〇一一年の人災は列島上に一六万人の難民を生み出し、私たちはすでに東京の山手線の内側の面積に相当する国土を失っただけでなく、豊饒の田圃山河と、漁場といわれた広大な海域を実質上損亡させた。事故はなお収束しておらず、危機は継続中である。私たちは、「今日」のために「明日」を「侵食」し、「東京」のために「地方」を崩壊させつつあるのだ。

国策と利権がからみあった組織というモンスターが巨大な姿を露わにした二〇一一年は、東京を中心とした「崖の時代」の幕開けであった。スケールメリットがスケールデメリットを越え、スケールデンジャラスにまでに至っている首都圏の実像もまた、私たちに百四十余年つづく東京時代の見直しを迫るのである。

「三・一一以降」を思考の根底に据えることのない、いかなる「東京言説」も虚妄であることは、論を俟《ま》たないのである。

目黒・五反田周辺の急傾斜地崩壊危険箇所

台）の南端でもありました。

さらに明治一〇年代の地形図（図3）と照合すると、目黒駅から五反田駅までの間の一部、ちょうど崩落したコンクリート擁壁に並行する山手線は、台地の南端、東に向けて開析された谷の中を走っていました。コンクリート擁壁が支えていたのはさらにその南、現在では東急目黒線の線路開削で分断された、東に延びる細長い台地の先です。このような地形はとくに珍しいわけでもありません。山手地区の開析谷壁はいたるところに存在するからです。

また、写真の右手、五反田駅北東の清泉女子大学キャンパスの南面が大きな赤枠で囲まれていますが、ここも同じ台地の南端。明治初期には「下大崎村」の一部で、江戸期には仙台藩伊達家の下屋敷がおかれた景勝の地でしたが、明治五年には島津邸に置き換わり、この地は「城南五山」の筆頭、島津山

図３　明治18年の地形

2006年に擁壁が崩落した現場は、細長い台地の先にあることがわかる。1：20000迅速図「品川駅」（明治18年）の一部を着色。約130％に拡大

と呼ばれるようになったところ。だから、地形図に見える広大な邸宅は、侯爵島津邸のありし日の姿だったのです。

ちなみに城南五山の他のひとつは、写真の中央上辺一帯の池田山で、今日では「池田山公園」が残されている。あとの「三山」とは、御殿山に八ツ山、花房山でいずれも高級住宅地。しかし山と言われるかぎり台地の侵食斜面を伴っているわけで、急傾斜地崩壊危険箇所とはなんらかの形で関わらざるを得ないのでした。

造成地の隠れた崖

危ないのは都心の崖地帯ばかりではありません。地盤のやわらかさは、丘陵地の災害とも大きな関わりをもちます。高度経済成長期に出現した全国数多くの郊外型宅地造成地がはらむ問題としても、あら

ためて注目されます。

ここで仙台市近郊丘陵部にひろがる宅地造成地において、東日本大震災により起きた地滑り問題に触れておくことは、「東京」に寝起きする人にとっても無意味ではないでしょう。ニュータウン流行の数十年前、山谷凹凸入り混じる一帯を切土《きりど》と盛土《もりど》で平坦にして売り出した丘陵宅造地は、一九七八年六月一二日の夕刻発生したマグニチュード七・四（強震）の宮城県沖地震により、ライフライン寸断箇所多数にのぼり、復旧は海側の沖積地にくらべてもはるかに遅くなったのです。しかしそれ以上に深刻だったのは、地滑りや地盤崩壊によって、住宅そのものを維持できなくなって転出する家や訴訟に踏み切る例が出現したことでした。地質学者の羽鳥謙三氏は、遺著となった『地盤災害』でこの件をとり上げ、丘陵地宅造地の被災についていわば予言めいた警告をしていたのですが、それは三十年あまりで現実のものとなったのです。

すなわち、今回の被災でさらに広範囲に出現した地盤破砕によって、被災地は四〇三一件（山形大学村山良行教授、「河北新報」二〇一二年一月一〇日）にのぼり、いくつかの地区は集団移転まで検討せざるを得ない事態に立ち至りました。

高度経済成長期に登場した全国数多くの郊外型宅造地や、その後開発がすすんだ都市部における急斜面造成地には、崖地開発がはらんでいる危うさが内在していました。東日本大震災によって、この巨大な問題が露わとなったのです。

「明日」のために

ところで「住めば都」と「傍目八目《おかめ》」とは、両極に位置することわざでした。人は自ら身を置くそ

写真１
多摩川右岸の宅造地擁壁崩壊の例
1970年代はじめにおきた、八王子市N地区の造成宅地擁壁崩壊は豪雨によってひきおこされた。上写真は1970年7月1日、下写真は1972年7月13日。いずれも羽鳥謙三撮影。この一帯は都の「急傾斜地崩壊危険区域」に指定されている

写真２
自然の侵食崖を切り通してできた人工の崖
コンクリートブロック壁面の中ほどが、はらみ出している。クラックにはモルタル塗装してあるが、長雨や豪雨、地震とそれらの複合にはきわめて脆弱な状態となっている。「急傾斜地崩壊危険箇所」のひとつ

白金台・高輪周辺の急傾斜地崩壊危険箇所

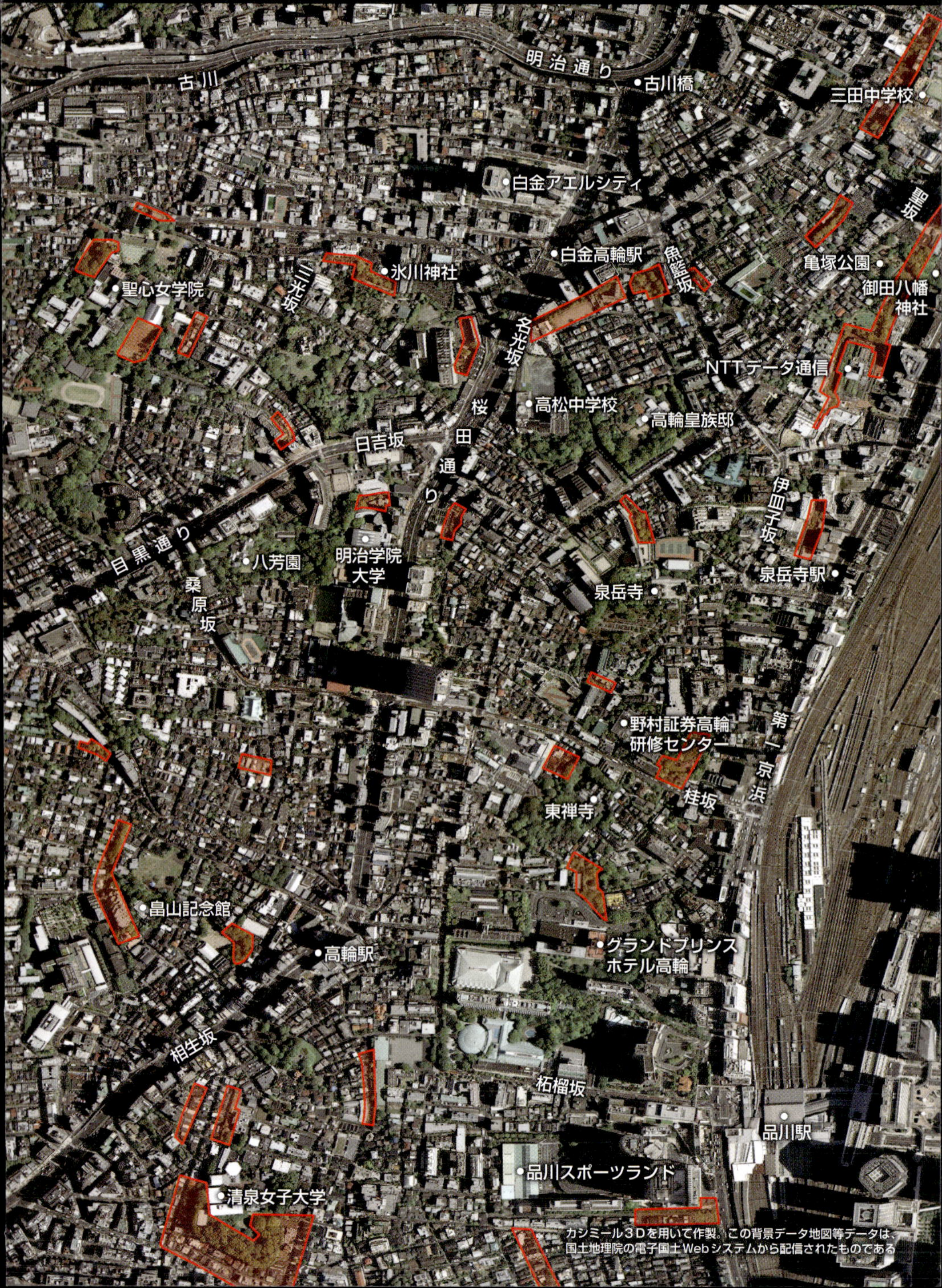

カシミール3Dを用いて作製。この背景データ地図等データは、国土地理院の電子国土Webシステムから配信されたものである

飯田橋・市ヶ谷周辺の急傾斜地崩壊危険箇所 ※黄色の枠内は、急傾斜地崩壊危険区域

の「場所」に関して、冷静で客観的判断をくだすことは難しいのです。自分がいるその場所を、肉眼で見ることはできず、通常は自分の頭のなかで想像《イメージ》するしかないからです。まして私たちは地つづきの「異国」をもったことがない「井の中の蛙《かわず》」。自分の「出所《でどころ》や居場所」に関しては、どのようにしても「身びいき」で、「甘くなる」のを避けることはできません。

ですから、最終章をしめくくるにあたり、あらためて強調しておかなければならないのは、江戸時代二六〇年、東京時代一四〇年とつづいた巨大都市のフィジカルな特異性であって、その一つは下町、山手を問わず「岩がないこと」。つまり脆弱な地盤の上に展開しているという点。そうして、その地盤は日本列島そのものがおかれた自然条件の特異性も伴っているのでした。

二つ目の特異性は、世界にも稀な規模の人口集積の上に成り立っている現状自体が「崖」にほかならない、という点です。

砂と泥、そして火山灰のもろい基盤の上に、膨大な人口が辛うじて維持されている。東京の本質上の「崖」とは、物理的な存在の脆さと、その規模の「度外れ」の臨界性にありました。

私たちが愚か者の轍《てつ》を踏んで、崖下に転落しないためには、いやでも足下の現実に目をひらき、その本質を認識する必要があるのです。またそれは同時に日本列島全体の将来を考えなおすことでもあるでしょう。

私たちに、「未来」があるとすれば、それは「集中」と「依存」にではなく、「分節化」と「独立」にしかありえないのはたしかなことなのです。

あとがき

旧知の編集者である佐藤美奈子さんから声を掛けていただいて、「江戸東京崖話」を書き下ろしたのはもう二年も前のこと。編集の都合で大分間が空いたが、とにもかくにも上梓までこぎつけることができたのは、彼女と講談社の編集担当髙月順一さんのお陰である。

しかも、髙月さんのご縁で、画期的コンピュータグラフィックスのフリーソフト「カシミール」のシリーズを開発された、DAN杉本氏の手を直接に煩わせ、繁忙のさなかうるさい注文にも応じていただいて本書の「絵」ができあがったのは望外の幸いであった。もし本書が売行き好調とでもいうべき事態を迎えるとすれば、それはほとんど杉本氏と「5mメッシュ東京スペシャル」の作製者石川初氏の功績だろうと私は思う。しかしながら、できあがった「絵」、つまり水平に対して一定の角度をもったデフォルメCG写真と地図を見較べて、その絵になんとか「文字」を入れたのは著者であって、もし間違いがあったとしたら、それは当方の責に帰すことを、お断りしておかなければならない。

そうして、もうひとつあとがきに記しておかなければならないことは、この二年の間に横たわっている、「東日本大震災」という通称で呼ばれる自然災害ならびに巨大人災のことである。

数年以上前から、月に何回かは旧版地形図と資料類をバッグに放り込んで、都内の「地域踏査」に出かけていたが、それも中断した。

私が生まれ育ったのは、津波が面積の五六パーセントに侵入した仙台市若林区であり、仕事上の倉庫兼山荘があったのは東京電力福島第一原子力発電所から三〇キロ圏内に含まれる、福島県双葉郡川内村だったからである。

信頼できる、そしてリアルな情報は手探りでしかたしかめられなかった当初、私は夢を見ているような気持ちで息を詰め、ひたすらどうすべきかを考えていたように思う。一月経って、ようやく少々の「義捐金」を携えて故郷に出向き、また屋内退避指示された川内村が自主的に全村避難した先の郡山市も訪ねることができたが、事態のほんの一角に触れたに過ぎない感があった。

そうしてその被災地と東京の画像は、常にオーバーラップするものだったのである。

さて、しかしながらこの二年の間、地形上の「崖」やその周辺について、あらたな発見や考察も加わった。また、今回本になったのは、当初の原稿の半分ほどでしかない。だから、次ページには、書きつけて来た考察の断片も挙げることにした。なお、基本文献以外は、必要に応じて本文中に依拠文献名を記したので、そちらを参照されたい。また、本書に使用した写真でとくに記載のないものは、すべて著者の撮影にかかるものである。

執筆に際しては、ここにお名前を挙げることはできないほどたくさんの方々にお力添えをいただいた。なかでも関東学院大学名誉教授の松田《まつだ》磐余《いわれ》先生には特別のご指導を賜った。

末尾となってしまったが、ご厚意を惜しまずこの書と筆者とを今日あらしめて下さったすべての方々に、深く感謝申し上げる。

二〇一二年伏月　芳賀ひらく

参考文献

基本文献

東京市『東京市史稿』皇城篇第一、一九一一年／第二、一九一二年／同市街篇第一、一九一四年／第二、一九一四年／第三、一九二八年／貝塚爽平『東京の自然史』講談社学術文庫、二〇一一年／松田磐余『江戸・東京地形学散歩　災害史と防災の視点から　増補改訂版』之潮、二〇〇九年／羽鳥謙三『地盤災害　地質学者の覚え書き』之潮、二〇〇九年／鈴木理生『江戸はこうして造られた』ちくま学芸文庫、二〇〇〇年

参照文献1

芳賀啓（以下同）「江戸城周辺ミステリー」『地図中心』No.418-420、二〇〇七年七月号〜九月号／「広尾から麻布一本松」『地図中心』No.422-427、二〇〇七年一一月号〜二〇〇八年四月号／「駒場と駒場野」『地図中心』No.428、二〇〇八年五月号／「『蟹川』の行方」『地図中心』No.429-430、二〇〇八年六月号〜七月号／「啄木の地図風景」『地図中心』No.461、二〇一一年二月号／「『田園都市』にみる土地の記憶」『地図中心』No.462、二〇一一年三月号

参照文献2

芳賀啓（以下同）「切土坂・盛土坂」『地図中心』No.472、二〇一二年一月号／「二つの根津山」『地図中心』No.473、二〇一二年二月号／「『崖線』考　その1」『地図中心』No.474、二〇一二年三月号／「『崖線』考　その2」『地図中心』No.475、二〇一二年四月号／「地図の汀」『地図中心』No.476、二〇一二年五月号／「峠と分水界」『地図中心』No.477、二〇一二年六月号／「平川」『地図中心』No.478、二〇一二年七月号／「竪の坂・横の坂」『地図中心』No.479、二〇一二年八月号

芳賀ひらく（はが・ひらく）
一九四九年仙台市南小泉（現、若林区）生まれ。早稲田大学第一法学部中退。元柏書房代表取締役社長。現之潮（コレジオ）代表。日本地図学会評議員。東京経済大学コミュニケーション学部客員教授。著書に『地図のテオロギア』（柏書房、一九九九年、非売品）、『短詩計畫　身體地圖』（深夜叢書社、二〇〇〇年）、『地図・場所・記憶』（けやき出版、二〇一〇年）がある。東京の古地図や地誌の研究者として知られ、NHK「美の壺」や民放の「タモリ倶楽部」などテレビ番組に出演。財団法人日本地図センター発行の月刊誌『地図中心』に「江戸東京水際遡行」ほかを執筆、連載中。俳号の「澤青崖」は、「亡き父の歯刷子一つ捨てにゆき断崖の青しばらく見つむ」（寺山修司）に拠る。

●本書に収録した地図の作成に当たっては、国土地理院長の承認を得て、同院発行の数値地図5mメッシュ（標高）及び基盤地図情報を使用しました。（承認番号　平24情使、第204号）

The New Fifties

デジタル鳥瞰《ちょうかん》　江戸《えど》の崖《がけ》　東京《とうきょう》の崖《がけ》

二〇一二年　八月三〇日　第一刷発行
二〇一八年　三月二六日　第七刷発行

著者　芳賀《はが》　ひらく
発行者　渡瀬昌彦
発行所　株式会社講談社
郵便番号一一二―八〇〇一
東京都文京区音羽二―一二―二一
電話番号　編集　〇三―五三九五―三五六〇
販売　〇三―五三九五―四四一五
業務　〇三―五三九五―三六一五
印刷所　慶昌堂印刷株式会社
製本所　株式会社若林製本工場

N.D.C.491.1　207p　22cm

定価はカバーに表示してあります。

ISBN978-4-06-269289-2